Uta Reichenbach

Wie Hunde kommunizieren

Uta Reichenbach

Wie Hunde kommunizieren

Hundesprache richtig verstehen

Oertel+Spörer

Bildnachweis
Titelbild: Dr. Gabriele Lehari
Kristina Herzog: S. 53
Myriam Kiefer: S. 141
Uta Reichenbach: S. 20
Alle anderen Innenteilbilder: Dr. Gabriele Lehari

Haftungsausschluss
Die Hinweise in diesem Buch wurden von der Autorin sorgfältig recherchiert und geprüft. Es können jedoch keinerlei Garantien übernommen werden. Eine Haftung der Autorin bzw. des Verlags und seiner Beauftragten für Personen-, Sach- und Vermögensschäden ist ausgeschlossen.

Bibliografische Information der Deutschen Nationalbibliothek
Die Deutsche Nationalbibliothek verzeichnet diese Publikation in der Deutschen Nationalbibliografie; detaillierte bibliografische Daten sind im Internet über http://dnb.d-nb.de abrufbar.

Postfach 16 42, 72706 Reutlingen

Schrift: 9/11 pt Stone Serif
Lektorat: Dr. Gabriele Lehari
DTP und Repro: raff digital gmbh, Riederich
Druck und Bindung: Oertel+Spörer Druck und Medien-GmbH+Co., Riederich
Printed in Germany
ISBN 978-3-88627-828-9

Inhalt

Einführung

Viele Menschen sind bereit, sich im Zusammenhang mit dem Berufsleben oder bei Beziehungsproblemen – um nur zwei Beispiele zu nennen – eingehender mit dem Thema der zwischenmenschlichen Kommunikation, verschiedenen Modellen und der Bedeutung der Kommunikation auseinanderzusetzen, sich in diesem Bereich weiterzubilden und zu einem gewissen Maß trainieren und schulen zu lassen.

Greifen wir diese Idee doch auch für die Kommunikation mit dem Hund auf. Begeben wir uns etwas tiefer in die Materie und durchleuchten auch, inwieweit sich Erkenntnisse aus der zwischenmenschlichen Kommunikation auf die Kommunikation mit dem Hund übertragen lassen und inwieweit hier abgewandelt wird und andere Wege gegangen werden müssen.

Was bedeutet Kommunikation?

Der Ursprung des Wortes Kommunikation stammt aus dem Lateinischen: Der Begriff „communicare“ bedeutet „mitteilen, teilen, gemeinsam machen, teilnehmen lassen“. Allgemein wird Kommunikation auch als Informationsaustausch bezeichnet. Präziser ausgedrückt werden Botschaften, Wünsche, Erwartungen und Gefühle ausgetauscht.

Die richtige Kommunikation mit dem Hund ist die Grundlage für ein harmonisches Zusammenleben.

Kommunikation läuft in irgendeiner Form ständig zwischen zwei Lebewesen ab, die in Kontakt zueinander treten. Es ist unmöglich, nicht zu kommunizieren. Wenn jemand bewusst nicht kommunizieren will, sendet er trotzdem unbewusst Signale, die von den Mitlebewesen registriert werden, was wiederum zu einer Art Kommunikation führt.

Das Wort Kommunikation an sich sagt aber noch nichts darüber aus, welche Effekte und Schlüsse sich daraus für die Beteiligten ergeben. Kommunikation ist nicht automatisch erfolgreich im Sinne dessen, dass der Inhalt der gesendeten Botschaften auch so gedeutet wird, wie es vom Gegenüber geplant ist.

Jeder erinnert sich bestimmt an Situationen, in denen die Kommunikation zwischen Menschen eindeutig schief gelaufen ist. Das liegt oft auch an der unterschiedlichen Wahrnehmung und Deutung von gleichen Umständen, Erlebnissen und Ereignissen.

Kleines Gedankenspiel zur unterschiedlichen Wahrnehmung

Stellen Sie sich als Beispiel eine große grüne Wiese vor. Welche Gedanken kommen Ihnen dazu spontan in den Sinn?

Als Hundefreund denken Sie vielleicht an einen tollen Ort, an dem sich Ihr Hund austoben, sein Geschäft verrichten oder mit Ihnen oder auch anderen Hunden ausgiebig spielen kann.

Der Landwirt denkt wahrscheinlich an eine gute Heuernte oder an eine ergiebige Futterwiese für seine Tiere.

Der Naturschützer denkt vielleicht an seltene und geschützte Pflanzen und Tiere, die auf der Wiese beheimatet sein können.

Der Allergiker überlegt sich vermutlich, was auf dieser Wiese gerade blüht und ob es bei ihm Reaktionen auslösen könnte.

Diese Reihe könnte man unendlich fortsetzen und würde zu zahlreichen unterschiedlichen Interpretationen für einen Begriff wie „Wiese“ führen. Hier wird auch schon klar, dass unterschiedliche Wahrnehmungen oft auch der Auslöser für Konflikte sein können. Während es beim Hundebesitzer Entzücken auslösen kann, wenn er einige Hunde auf einer Wiese spielen sieht und sein Hund Spielpartner für die Gruppe ist, denkt der Landwirt dagegen beim gleichen Anblick an zertretenes Gras und eine Verschmutzung durch Hundeexkremente und hat hier eher negative Assoziationen.

Nun stellen Sie sich noch vor, was in unterschiedlichen Hunden beim Anblick einer Wiese vor sich geht und was ihr primäres Ziel sein wird.

- Der jagdbegeisterte Hund sucht wahrscheinlich mit Augen und Nase die Wiese nach jagdbaren Tieren ab.
- Der grabfreudige Hund wird sich auf die Suche nach Mäusen machen wollen.
- Der Balljunkie wird es als tolle Fläche für ein Ballspiel erkennen und wahrscheinlich seinen Besitzer zum Ballspiel zu animieren versuchen.
- Die läufige Hündin will auf der Wiese Duftmarken setzen und sucht die Gegend nach potenziellen Partnern ab.
- Der intakte Rüde will nach interessanten Duftmarken von Hündinnen suchen und markieren wollen.

Somit wird klar, dass auch Hunde individuell sehr unterschiedliche Wahrnehmungen haben, die mit der Tageszeit und dem Befinden der Hunde variieren können.

Warum ein Buch über Kommunikation mit Hunden?

Würde ein Hirte in der Mongolei, ein Inuit auf Grönland oder ein Jäger auf Borneo Bedarf haben, solch ein Buch zu lesen? Ich glaube eher nicht. Ich möchte damit keinesfalls zum Ausdruck bringen, dass dort die Kommunikation mit Hunden immer ohne Probleme verläuft oder dass Hunde dort immer optimal gehalten werden. Auch bei diesen Volksgruppen, bei denen das Zusammenleben mit Hunden zum Alltag gehört, wird es sicherlich Menschen geben, die im Umgang mit Hunden ein größeres Talent mitbringen, andere dagegen weniger, und auch dort wird es vermutlich Hunde geben, die ein richtig gutes Leben führen, und andere, bei denen es nicht der Fall ist. Und irgendwo dazwischen liegt die breite Masse aller Hunde.

Tatsache ist bei solchen Naturvölkern auf alle Fälle, dass sie schon seit Jahrtausenden mit Hunden auf einer Basis zusammenleben, die für sie nützlich ist. Wahrscheinlich wird fast jedes Kind schon sehr früh Kontakt zu Hunden haben und eventuell ohne großes Eingreifen Erwachsener selbst ausprobieren können, was im Umgang mit Hunden zu einem Rückzug des Hundes oder zu einem Annähern des Hundes führt. Es wird wohl auf einer eher funktionalen Ebene von Generation zu Generation überliefert, wie man Hunde hält, mit ihnen umgeht und sie behandelt. Hunde haben dort sicherlich einen festen Platz bei den Menschen, erfüllen aber andere Zwecke als die meisten Hunde bei uns und haben im Leben der Menschen dort einen anderen Stellenwert, als die Hundehaltung und der Hund an sich bei uns im Laufe der letzten Jahrzehnte eingenommen haben.

Bei vielen Naturvölkern wie hier den Buschmännern in Ostafrika ist das Zusammenleben mit Hunden und die gemeinsame Jagd ein normaler Bestandteil des Alltags.

Würde man sich darüber den Kopf zerbrechen, wie man effektiver mit Hunden kommuniziert, wenn viele andere, teilweise auch existenzbedrohende Ereignisse das Leben beeinflussen, und Naturgewalten, Jahreszeiten und Wetterbedingungen wesentlich über die Gestaltung und den Ablauf des täglichen Lebens bestimmen? Wohl kaum.

Interessant ist auf alle Fälle, dass die Position, die Hunde in unserer modernen Gesellschaft einnehmen, wie als Statussymbol, Luxusgut oder auch als Ersatz für einen Menschen im Sinne eines Kindes oder eines Partners, bei wohlhabenden Menschen schon seit Jahrtausenden gibt. Menschen, die sich weniger Sorgen um ihr Überleben machen müssen, sondern deren Existenz und Versorgung hinreichend gesichert sind, haben sicherlich mehr Muße und Zeit, sich über Hunde Gedanken zu machen und sich emotional daran zu binden.

Es scheint also eher in den Industrienationen oder im Bereich der wohlhabenderen Menschen der Bedarf nach Hilfe und Erklärungen im Umgang mit dem Hund und in der Kommunikation im Speziellen zu bestehen.

Ein eindrückliches Beispiel ist zum Beispiel China, wo Hunde zwar bei den Adligen schon immer einen Platz als Schoßhund und Statussymbol hatten, die breite ländliche Bevölkerung den Hund aber eher als Nutztier im Sinne der Lebensmittelerzeugung sah und teilweise auch heute noch sieht. Mit zunehmender Industrialisierung und somit einem Anstieg der wohlhabenden Menschen, hat sich aber auch hier schon ein ganzer Industriezweig rund um den Hund als Luxustier gebildet. Hundesalons, Hundeschulen und Geschäfte für Hundebedarf wachsen wie Pilze aus dem Boden und nehmen immer mehr zu. Viele Menschen halten nun Hunde ausschließlich als Haustier und die Vierbeiner haben Einzug in die städtischen Häuser und Wohnungen der finanziell etwas besser gestellten Einwohner gehalten.

Ziel dieses Buches ist es nicht, eine Wertung darüber abzugeben, ob Hunde in unseren modernen Gesellschaftsformen ein besseres oder glücklicheres Leben führen. Eine Tatsache ist jedoch, dass in unserem Kulturkreis jegliche grobe Behandlung und das Zufügen von Schmerzen bei Hunden im Sinne des Tierschutzgesetzes verboten sind und sogenannte Tierquäler von der Öffentlichkeit scharf verurteilt werden. Dies hat zur Folge, dass Hunde in der Öffentlichkeit respektvoll behandelt werden, schließt aber unangemessene Behandlung unter Ausschluss der Öffentlichkeit nicht komplett aus.

Leid gibt es leider überall, es hat eben verschiedene Gesichter. In Ländern, in denen Hunde noch einen eher ursprünglichen Status haben, basiert der Umgang und die Einstellung auf eher bodenständigen Strukturen. Hier ist der Bedarf an Verhaltenstherapeuten, Problemhundetraining und Hundehalterschulungen sicherlich eher gering. Hier werden aber auch eine grobe Behandlung von Hunden und das Zufügen von Schmerzen nicht als Vergehen angesehen. Es gibt immer noch Länder, in denen Hundekämpfe zum traditionellen Unterhaltungsprogramm der Bevölkerung gehören. Es sind zwar keine Kämpfe bis zum Tod, sondern die Hunde werden getrennt, wenn ein Hund aufzugeben scheint, dennoch führen diese Kämpfe trotzdem meist zu erheblichen Verletzungen beider Gegner. Erfolgreiche Hunde können ihren Besitzern einen gewissen

Reichtum einbringen und es sind damit auch Wettgeschäfte verknüpft. In anderen Ländern werden Hunde immer noch öffentlich auf Märkten als Lebensmittel angeboten – für uns groteske Zustände, aber in Europa vor nicht allzu langer Zeit auch noch Realität.

Das Zusammenleben von Menschen und Hunden hat viele verschiedene Facetten. Ich will hier nicht alle aufzählen, sondern nur deutlich machen, dass das, was bei uns in der Hundehaltung als „normal" angesehen wird, in anderen Ländern und Kulturen anders gehandhabt und betrachtet wird.

Wie viele Hundebesitzer kommen in der heutigen Zeit erst als Erwachsene mit Hunden in Kontakt und schaffen sich einen Hund an, ohne vorher Erfahrung mit dieser Spezies gesammelt zu haben? Hat man es als Kind leichter, eine gemeinsame Verständigungsebene mit Hunden zu erreichen und erleichtert einem das lebenslang das Zusammenleben mit Hunden? Wie wichtig ist es hier, sich von natürlichen Gefühlen leiten zu lassen, und inwieweit ist der Mensch hier trainierbar, ein vernünftiger Kommunikationspartner des Hundes zu werden? Inwieweit spielt das unterschiedliche Talent einzelner Menschen in diesem Bereich eine Rolle? Tut sich bei ähnlichem Wissen und Erfahrungen der eine Mensch leichter dabei, mit Hunden zu kommunizieren, als der andere?

Wer schon als Kind mit Hunden Kontakt hat, wird vermutlich auch später einen besseren Draht zu unseren Vierbeinern haben.

Dies alles sind Fragen, die erklären, wie wichtig ein Buch über die Kommunikation mit Hunden ist.

Warum ist Kommunikation so wichtig?

Jeder Hundehalter hat eine gewisse Verantwortung gegenüber der Umwelt und seinen Mitmenschen, was die Haltung und das Verhalten seines Vierbeiners betrifft. Auch in diesem Bereich spielt die Kommunikation eine ganz bedeutende Rolle.

Was in der Kommunikation von menschlicher Seite nicht übersehen werden darf, ist, dass sie auch in der Erziehung und Ausbildung eines Hundes eine wichtige Position einnimmt. Unser Ziel ist es natürlich, den Hund kontrollieren zu können und ihm somit ein Hundeleben mit großen Freiräumen zu ermöglichen. Hunde genießen es sichtlich, frei umherlaufen zu können, die Umwelt selbstständig zu erkunden, mit Artgenossen laufen und spielen zu dürfen und vieles mehr. Das ist nur möglich, wenn der Hund zuverlässig abrufbar ist, jederzeit gestoppt werden kann und dadurch nicht unnötig Gefahren des Alltags ausgesetzt ist und unsere Mitmenschen nicht belästigt oder sogar gefährdet.

Wir unterscheiden also zwischen Gefahren, die auf den Hund lauern, und Gefahren, die ein unkontrolliert herumlaufender Hund verursachen kann. Die Gefahren des Alltags sind für den Hund in erster Linie der Straßenverkehr, dem jährlich ein nicht unerheblicher Anteil an Hunden zum Opfer fällt, Gleiches gilt auch für den Zugverkehr. Bei Gefahren, die von einem Hund ausgehen können, muss man nicht in erster Linie an einen Biss des Hundes denken, was natürlich auch passieren kann. Viel häufiger kommt es aber vor, dass er zum Beispiel jemanden anspringt oder anrempelt und dadurch vielleicht ältere Menschen und Kinder zu Fall bringt. Ein Hund kann sogar, ohne selbst verletzt zu werden, durch unkontrolliertes Überqueren von Straßen Unfälle verursachen.

Die richtige Kommunikation ist auch für die Erziehung wichtig, damit der Hund nicht sein Leben lang an der Leine laufen muss, weil er nicht kontrollierbar ist.

Kontrollverlust vermeiden

Wann läuft man am ehesten Gefahr, die Kontrolle über den Hund zu verlieren? Ganz vorn steht hier wohl der frei laufende Hund, der einen Artgenossen sichtet und entscheidet, zu diesem hinzulaufen. Eine weitere Ursache, die zum Kontrollverlust und zur Verselbstständigung des Hundes führt, ist die Anwesenheit von Wild oder auch schon einfach das

Vorhandensein von Spuren, die Wildtiere hinterlassen haben. Bei vielen Hunden ist der Drang sehr groß, hier die Verfolgung aufzunehmen. Kann der Mensch in solchen Situationen nicht regulierend auf den Bewegungsradius des Hundes einwirken, sind Probleme vorprogrammiert.

Hunde, die öfter die Erfahrung gemacht haben, dass sie entscheiden können, in welchem Radius sie sich zum Menschen bewegen, und dass sie sich der Einflussnahme des Menschen entziehen können, kann man oft nur mit aufwendigem Training wieder dazu bringen, sich immer im Einflussbereich des Menschen zu bewegen, abrufbar und beeinflussbar zu bleiben. Es gibt allerdings auch Hunde, bei denen das nach vielen selbstbestätigenden Vorerlebnissen in diesem Zusammenhang nicht mehr möglich ist. Das Ergebnis sind dann Hunde, die mir persönlich sehr leidtun, weil sie ihr komplettes restliches Hundeleben lang alle Spaziergänge mit einem Menschen als „Anhängsel" an der Leine verbringen müssen.

Ich denke, solchen Hunden fehlt etwas ganz Wichtiges für eine hohe Lebensqualität – zumindest wenn man von dem durchschnittlich bewegungsfreudigen Hund ausgeht: das freie Bewegen draußen bei Spaziergängen ohne Leine. Freilauf gekoppelt mit sinnvoller Beschäftigung trägt bei vielen Hunden wesentlich zu einer ausgeglichenen Allgemeinstimmung bei.

Verantwortung für einen Hund zu tragen, heißt aber auch, dass wir kontrollieren können, an welchen Orten sich der Hund entleert, und vor allem, wo er es nicht tun soll. Auch das kann durch Kommunikation geregelt werden. Eigentlich müsste es nicht erwähnt werden, dass man Hinterlassenschaften seines Hundes an unpassenden Plätzen beseitigen sollte. Eindrücke dazu, die ich von Spaziergängen mit meinen Hunden habe, zeigen aber, dass hier die Wahrnehmung darüber, welche Plätze geeignet sind und welche nicht, sehr unterschiedlich ist. Leider gibt es viele Wegränder, wo sich ein Hundehaufen an den anderen reiht und man selbst als Hundebesitzer einen gewissen Ekel empfindet. Wie mag es da Nichthundebesitzern ergehen? Ich denke, so müsste es stellenweise nicht aussehen. Die Schweiz hat für mich in diesem Zusammenhang Vorbildfunktion, sowohl was die Disziplin der Hundehalter angeht als auch die Organisation der Kotbeseitigung.

Mit Hundehaltern kommunizieren

Dann gibt es noch einen weiteren Aspekt verantwortungsvoller Hundehaltung und Toleranz gegenüber Mitmenschen, in dem Fall andere Hundehalter: Es gibt genügend Gründe, weshalb Hunde nicht uneingeschränkt Kontakt zueinander haben können. Nicht nur, weil eine Straße dazwischen ist, sollte man hier den Wunsch des anderen Hundehalters akzeptieren, dass, aus welchen Gründen auch immer, die Hunde keinen engeren Kontakt miteinander haben können. Wie wir anderen Menschen unseren Kontakt nicht aufdrängen wollen und auch nicht wollen, dass sich uns andere Menschen mit Ihrer Nähe aufdrängen, sollten wir das bei Begegnungen von Hundehaltern auch nicht tun. Manchmal wird man sich nur kurz verständigen, also kommunizieren, und die Hunde können dann vielleicht doch miteinander laufen, wenn Bedenken ausgeräumt werden konnten.

Auch Hundehalter untereinander sollten kommunizieren, um ihren Vierbeinern einen guten sozialen Kontakt zu ermöglichen.

Aber wenn nicht, auch nicht tragisch – man trifft auch noch andere Hunde, mit denen sich die Möglichkeit ergibt. Achten Sie bei solchen Begegnungen nicht nur auf den anderen Hund, sondern zunächst mal auf seinen Besitzer. Auch Menschen können distanzvergrößernde oder distanzverringernde Signale senden. Sensibilisieren Sie sich auch für die Signale anderer Hundehalter.

Ein Heranrufen des Hundes durch den Hundehalter beim Anblick eines anderen Mensch-Hund-Gespanns ist ein erstes Indiz dafür, dass er nicht möchte, dass sich die Hunde zu nahe kommen. Sollte als nächster Schritt der Hund zusätzlich angeleint werden, ist das noch ein intensiveres Signal der Kontaktvermeidung. Ein Auf-die-Seite-Treten oder sogar ein abrupter Richtungswechsel sind noch eindeutiger. Jetzt soll man also nicht den eigenen Hund ausklinken und auf Erkundungstour schicken, sonst sind Konflikte vorprogrammiert – zumindest mit dem anderen Menschen.

Sie werden jetzt sicherlich denken: „Weiß ich ja schon alles!“ Aber das ist wie mit der Umweltverschmutzung, da weiß auch jeder, dass man es nicht tun soll, aber irgendwie liegen doch immer draußen Abfälle herum.

Kommunikation zwischen Mensch und Hund

Eigentlich ist es ja selbstverständlich, dass der Mensch mit seinem vierbeinigen Begleiter und umgekehrt der Hund mit seinem Zweibeiner kommunizieren muss, um die Basis für ein harmonisches Zusammenleben und das richtige Sozialverhalten zu legen. Aber haben Sie sich schon mal Gedanken darüber gemacht, dass es hier durchaus verschiedene Ansätze gibt? Sollen wir uns dem Hund anpassen, um ihm richtig mitzuteilen, was wir wollen, oder soll der Hund lernen, uns richtig zu verstehen? Und welche Signale sind hier sinnvoll einzusetzen?

Gedankliche Ansätze und verschiedene Philosophien

Wer soll sich bei der Kommunikation anpassen – der Mensch dem Hund oder umgekehrt?

Vonseiten des Menschen gibt es verschiedene Sichtweisen, wie man die Kommunikation mit dem Hund erleichtern könnte.

Ein Ansatz ist, dass der Mensch möglichst analog das Verhalten von Hunden beziehungsweise das wölfische Verhaltensmuster und Ausdrucksverhalten imitieren soll.

Der andere und eigentlich gegensätzlich erscheinende Ansatz ist, dass unsere Vierbeiner durchaus realisieren, dass wir keine Hunde sind, und sie daher im Laufe der Domestikation gelernt haben, sich auf das Zusammenleben mit den Menschen gut einzustellen und sich ihnen anzupassen. Und dann gibt es noch Kommunikationsmodelle im Umgang mit Hunden, die auf unterschiedlich komplexen Code-Systemen beruhen.

Das rudimentäre Kommunikationsmodell

Hier ein Beispiel für ein rudimentäres beziehungsweise minimales Kommunikationsmodell mit einem sehr einfachen Code und simpler Struktur, das auch bei Nichthundekennern sinngemäß bekannt und meistens ohne viel Wissen über Hunde nachvollziehbar ist:

- Hundename: Der Hund soll sich angesprochen fühlen und wissen, dass er gemeint ist.
- Signalworte für Anweisungen von bestimmten Bewegungsabläufen:
  „Hier" = Herankommen
  „Sitz" = Hinsetzen
  „Platz" = Hinlegen
  „Fuß" = Neben dem Menschen herlaufen (bevorzugt auf der linken Seite)
- Abbruchsignale:
  „Aus" = Etwas aus dem Fang abgeben; kann aber auch bedeuten, mit dem Bellen aufzuhören
  „Pfui" = Etwas nicht aufnehmen oder fressen
  „Nein" = Egal, was der Hund gerade tut, er soll es unterbrechen beziehungsweise sein lassen
- Lobsignal:
  „Brav" oder „braver Hund" = Soll dem Hund vermitteln, dass er etwas gut gemacht hat

Ich frage mal etwas provokant: Sind nicht einmal zehn verschiedene Signale ausreichend, um ein ganzes Hundeleben lang mit unserem Vierbeiner zu kommunizieren? Zumindest wäre damit das in der Kommunikation mit Hunden häufig geforderte Argument der einfachen und klaren Signale gegeben.

Hunde zuzutexten ist ja allgemein verpönt und wird als nicht artgerechte Kommunikation angesehen, da der Hund Schwierigkeiten hat, aus dem vielen Bla-bla-bla die für ihn wichtigen Informationen herauszufiltern.

Für die Hundeerziehung reichen wenige Kommandos aus, aber ist das auch genug, um mit dem Hund richtig zu kommunizieren?

Das Kommunikationsmodell mit hundlichen Ausdrucksweisen

Gehen wir nochmal zurück zum ersten Ansatz, der besagt, der Mensch soll sich in der Kommunikation möglichst dem Hund angepasst – also Hundeverhalten simulierend – ausdrücken. Versuchen wir auf dieser Basis ein einfaches Kommunikationsmodell mit ähnlichen Inhalten wie oben, aber mit hundlichen Ausdruckweisen zu erstellen.

Kommen wir zuerst zu dem Hundenamen. Er sollte dann vielleicht ähnlich klingen wie ein hohes Winseln, mit dem zum Beispiel die Mutterhündin ihre Welpen zu sich lockt. Da wäre doch der gute alte Hundename Fifi gar nicht so schlecht, während ein tief klingendes Rex oder Basko eher ungeeignet wäre.

Gleichzeitig zum Aussprechen des Hundenamens wäre es hilfreich, wenn der Mensch mit seiner leider nicht vorhandenen Rute wedeln würde und vielleicht noch freundlich die Ohren anlegt. Hier stößt der Mensch bereits an seine anatomischen Grenzen: Rute ist nicht vorhanden und die Beweglichkeit der menschlichen Ohrmuscheln ist – einzelne Exemplare mal ausgenommen – im Allgemeinen sehr eingeschränkt.

Okay, es gibt auch Hunde mit angeborener Stummelrute und extremen Schlappohren, die in dem Punkt auch große Defizite haben. Wir Menschen sind für den Hund also vielleicht dann eher eine Mischung aus Bulldogge, die in der Regel so gut wie rutenlos ist, und Basset, um möglichst wenig Ohrenspiel zu ermöglichen. Möglich wäre auch ein Hund mit sehr kurz kupierten Ohren, wie es zum Beispiel beim Bully Kutta, einer in Pakistan beheimateten Hunderasse, immer noch üblich ist.

Manchen Rassen wie zum Beispiel diesem Boston Terrier fehlt die lange Rute als wichtiges Kommunikationsmittel.

Hunde kommunizieren also auch mit Artgenossen, die nur sehr beschränkte Ausdruckmittel haben. Dann müsste doch auch die Verständigung mit dem einen Hund imitierenden Menschen möglich sein, oder?

Verfolgen wir die Idee der möglichst hundenahen Ausdrucksformen weiter. Da Hunde miteinander in erster Linie über Körpersprache kommunizieren, sollten wir in dem Fall vor allem nonverbal vorgehen. Bedeutet das, die Stimme fast überhaupt nicht einsetzen zu dürfen? Sind Hunde denn miteinander auch immer ganz still? Eher nicht, es gibt durchaus auch Situationen, in denen Lautäußerungen unter Hunden zum Kommunikationsrepertoire gehören.

Wie würde ein Hund einem anderen Hund signalisieren, dass er schnell zu ihm herankommen soll? Soll er eine Spielaufforderung in Form einer Vorderkörpertiefstellung zeigen? Oder wie ein einsamer Wolf heulen? Oder wie eine Mutterhündin mit hohen Lauten den Hund zu sich locken?

Dann wird es noch schwieriger: Wie erklärt ein Hund dem anderen, dass er möchte, dass er sich hinsetzen soll?

Der Rüde hat mit seinem Verhalten zwar veranlasst, dass sich die Hündin hinsetzt, weil sie sich belästigt fühlt, es ist aber nicht in seinem Sinne.

Überlegen wir mal, wann setzt sich bei einer Hundebegegnung ein Hund hin? Zum Beispiel wenn ihm der andere an der hinteren Region beschnüffelt und er es verhindern möchte. Darüber brauchen wir uns nicht weiter Gedanken zu machen, so eine Ausführung ist für den Menschen indiskutabel! Würde ein Hund überhaupt eine solche Körperposition, also das Hinsetzen, von einem anderen Hund bewusst fordern?

Denken wir also weiter: Wie bringt ein Hund einen anderen Hund dazu, sich hinzulegen?

Mit physischen Mitteln oder durch Fixieren mit dem Blick und Anschleichen oder mit dem Über-den-Fang-greifen? Oder fordert er das Hinlegen in Form der klassischen Unterwerfung? Oder geht er ganz friedlich vor, indem er sich selbst hinlegt und den anderen dadurch animiert, ihm gleichzutun?

Gehen wir noch einen Schritt weiter. Wie ist das mit dem Fußgehen? Wie könnte ein anderer Hund das anstellen, seinen Kumpel dazu aufzufordern?

So, wie auf den Bildern zu sehen?

Das sind zwei Möglichkeiten, wie ein Hund seinen Artgenossen zum „Fußgehen" bringen kann: durch ein gemeinsames Tragen des Spielzeugs (a) oder indem er seinen Kumpel einfach festhält (b).

Wir können uns natürlich auch grundsätzlich darüber Gedanken machen, ob ein Hund von einem anderen Hund im alltäglichen Umgang überhaupt bestimmte Körperhaltungen wie Sitzen oder Liegen verlangen würde, das Hinlegen zum Zeichen der Unterwerfung mal ausgenommen. Einem Hund kann es vielleicht wichtig sein, dass ein Artgenosse irgendwo auf ihn wartet, aber die Position wird ihm wahrscheinlich ziemlich egal sein.

Kommen wir mal zu den Abbruchsignalen. Wie würden unter Hunden Abbruchsignale aussehen beziehungsweise sich anhören?

- „Aus“: Das „Aus“ wäre wohl ein eher tiefes Knurren mit Fixieren des anderen Hundes.
- „Pfui, das darfst Du nicht nehmen“: Das „Pfui“ wäre wahrscheinlich ähnlich – erst mal fixieren und wenn das nicht befolgt wird, knurren, und wenn dies nicht ausreicht, gleichzeitig noch als Steigerung die Zähne zeigen.
- Das allgemeine Verbot „Nein“: Der Hund würde das Verhalten des anderen Hundes unterbrechen oder den anderen Hund räumlich einschränken, indem er zum Beispiel das Betreten eines bestimmten Ortes verhindert.

Hunde legen sich häufig hin und warten in der Position ab, wenn ein Artgenosse auf sie „zugeschlichen“ kommt.

Aus menschlicher Sicht wäre das eine Möglichkeit, wie ein Hund seinem Kumpel mitteilt: „Das hast du gut gemacht.“

Und dann gibt es ja noch die Lobsignale. Wie würde ein Hund einem anderen Hund mitteilen, dass er etwas gut gemacht hat? Würde er ihn ablecken?

Das ist für Menschen auch nicht direkt umsetzbar – also als Ersatz streicheln, da haben wir ja bisher in der Beziehung nicht Alles falsch gemacht, oder doch?

Denn legt der Hund seine Pfote auf einen Artgenossen, um ihn zu loben? Wahrscheinlich nicht, das ist wohl eher eine menschliche Betrachtungsweise. Würde ein Hund den anderen Hund überhaupt mit eher plumpen Aktionen loben? Würde er nicht eher nur freundlich die Rute hin und her schwingen? Da wäre es dann wieder, unser anatomisches Problem: Wie sollen wir das als Menschen imitieren?

Das Kommunikationsmodell mit menschlichen Ausdrucksweisen

Jetzt versuchen wir mal, das andere Extrem durchzuspielen. Wir verlangen vom Hund maximale Anpassung und die Fähigkeit, menschliches Verhalten zu verstehen.

Das könnte dann zum Beispiel heißen, dass die Anweisungen an den Hund in erster Linie nur verbal ausgesprochen oder in Kombination mit menschlicher Gestik und Mimik ausgedrückt werden.

Ein Welpe muss erst lernen, das Ausdrucksverhalten sowohl von Menschen als auch Artgenossen richtig zu deuten.

Inwieweit sind aber Hunde in der Lage, aus menschlichen Lautäußerungen und der Mimik und Gestik für sich die wichtigen Informationen herauszufiltern? Man kann davon ausgehen, dass der Hund auf diesem Gebiet einem fast lebenslangen Lernprozess unterliegt. Der Welpe hat hier noch die größten Schwierigkeiten, aber die hat er zu Beginn ebenso im Verstehen des Ausdruckverhaltens von Artgenossen. Denn auch in dem auf andere Hunde bezogenen Bereich lernt der Hund ständig dazu.

Jeder, der schon mal einen Hund hatte, wird sich zurückerinnern, dass in den ersten Monaten der Mensch bei der Kommunikation mehr gefordert und von ihm mehr abverlangt wird, um verstanden zu werden. Es dauerte einige Zeit, bis sich Hund und Mensch auf einen gemeinsamen Code geeinigt haben. Auch wer mehrere Hunde zusammen hält, wird festgestellt haben, dass, wenn ein Welpe zu älteren Hunden dazukommt, er einige Zeit braucht, bis er die unterschiedlichen Reizschwellen und speziellen Signale anderer Hunde versteht und weiß, wie er darauf reagieren soll.

Ein Welpe probiert aus, was er sich bei erwachsenen Artgenossen herausnehmen darf. Nicht jeder überlässt ihm einfach das begehrte Spielzeug.

Er lernt hier die Reaktionen der anderen Hunde einzuschätzen, indem er auch einige Male die Schwelle dessen überschreitet, was der andere Hund duldet. Der junge Hund findet zum Beispiel heraus, dass er den einen Hund am Pelz ziehen darf, während dasselbe Verhalten bei einem anderen Hund zu einer Verwarnung führen kann. Dem einen Hund kann er das Spielzeug abnehmen, während der andere Hund solche Aktionen nicht duldet, sondern darauf besteht, sein Spielzeug zu behalten. In derselben Thematik ließen sich noch zahlreiche weitere Beispiele aufführen.

Lebt ein Hund nicht nur mit einer Person zusammen, sondern mit mehreren Menschen in einem Haushalt, wird er genauso wie bei verschiedenen Hunden auch bei verschiedenen Personen die Grenzen austesten und kennenlernen. Genauso wird er versuchen, sich die unterschiedlichen Kommunikationsformen und Elemente der einzelnen Menschen einzuprägen. Es wird Menschen geben, bei denen ihm das leichter fällt, und welche, bei denen mehr Kommunikationsprobleme auftreten.

Es wäre also sinnvoll, wenn alle in einem Haushalt lebenden Personen sich bemühen würden, in der Kommunikation mit dem Hund einen ähnlichen Code zu verwenden. Aber wird das auch hundertprozentig gelingen? Die Frage können Sie sich ziemlich sicher selbst beantworten – es ist schon eine große Leistung, dass eine Person auf einem möglichst hohen Level eine Verständigungsbasis mit einem Hund aufbaut. Aber dass alle anderen Menschen, die mit diesem Hund zu tun haben, dies auch auf derselben Basis und demselben Niveau schaffen, ist unwahrscheinlich. Das liegt oft daran, dass nicht alle Menschen dem Hund und der Kommunikation mit dem Hund einen gleich hohen Stellenwert einräumen und natürlich auch an den individuellen Unterschieden von Mensch zu Mensch.

Es gibt sicherlich Menschen, bei denen der Hund eine der Hauptrollen, wenn nicht die Hauptrolle im Leben spielt. Und dann gibt es Menschen, die haben Hunde, welche einen gewissen Stellenwert in ihrem Leben einnehmen, haben aber im Vergleich zu anderen Mitmenschen doch eher eine Nebenrolle.

Dies soll keine Wertung darüber sein, welchen Hunden es besser geht, sondern nur deutlich machen, dass verschiedene Menschen unterschiedliche emotionale Bindungen zu Hunden haben und sich unterschiedlich viel gedanklich und mental mit dem Thema Hund beschäftigen und auseinandersetzen.

Wie stark eine emotionale Bindung aufgebaut wird, hängt nicht nur vom Hund, sondern auch vom Menschen ab.

Das soll aber nicht bedeuten, dass derjenige, der emotional besonders an seinen Hund gebunden ist und sich gedanklich viel mit dem Zusammenleben und dem Verhältnis zum Hund beschäftigt, automatisch auch besser mit ihm kommunizieren kann. Zu intensive Emotionen können dabei auch hinderlich sein und den Menschen zum Beispiel durch Ängste um Sympathieeinbußen beim Hund hemmen. Hier hat ein etwas nüchterner an das Thema Hund herangehender Mensch vielleicht sogar Vorteile und es fällt ihm leichter, klare Linien einzuhalten, dem Hund konstante Signale zu geben und konsequent im Umgang mit ihm zu sein. Gleichmäßigkeit und Konstanz sind ja Faktoren, die sich auf die Kommunikation und allgemein das Handling mit Hunden positiv auszuwirken scheinen.

Welches ist der richtige Weg?

Welchen Weg sollen wir Menschen also wählen? Den der Simulation von hundlichem Verhalten oder den der Erwartung, dass der Hund durch seine Domestikation Eigenschaften erworben hat, die ihn menschliches Verhalten zu einem gewissen Maß deuten und verstehen lassen? Sollen wir uns also, was die Kommunikationsformen angeht, dem Hund anpassen, oder soll sich der Hund dem Menschen und seinen durch sein Primatenerbe geprägten Kommunikationsformen anpassen?

Ich persönlich denke, dass man sich als Mensch nicht entscheiden muss, ob man zum Anhänger der einen oder der anderen Richtung gehört. Eine Synthese aus beiden Ansätzen erscheint mir am erfolgversprechendsten. Nutzen wir das Wissen, dass uns die Verhaltensforschung über die Ausdrucksformen und das Verhalten von Hunden erschließt, und integrieren wir andererseits auch menschliche Kommunikationsformen und Signale, die Hunde durchaus verstehen, was mittlerweile auch wissenschaftlich fundiert ist.

Hunde können durchaus auf menschliche Signale wie das Zeigen auf unterschiedliche Objekte reagieren und nachvollziehen, was wir ausdrücken wollen, während das bei Wölfen nicht in diesem Maß der Fall ist, auch wenn sie von Menschenhand aufgezogen wurden.

Abstammung spielt eine Rolle bei der Kommunikation

Für mich selbst wurden die Unterschiede zwischen dem Verhalten von Hunden und Wölfen auf faszinierende Weise deutlich, ohne selbst mit Wölfen intensiv gearbeitet zu haben. Lehrmeister waren bei mir Tschechoslowakische Wolfhunde, die ich einige Jahre regelmäßig betreut hatte. In diesen Hunden beobachtete ich immer wieder eine Mischung an typisch wölfischen und andererseits auch typisch hundlichen Verhaltensweisen. Es war für mich immer spannend zu sehen,

Bei Rassen wie diesen Tschechoslowakischen Wolfhunden sind sowohl wölfische als auch hundliche Verhaltensweisen zu beobachten.

wie diese Hunde in unterschiedlichen Situationen reagiert haben und welcher Anteil an Verhaltensweisen jeweils überwog.

Interessant fand ich auch, dass in Situationen, die ich vom Ablauf und Ereignis gesehen als relativ ähnlich einstufte, die Hunde doch sehr unterschiedlich reagierten und mal auf eher wölfische Art agiert wurde oder Hundeverhalten überwogen hat. Bei diesen Hunden wird im Vergleich zu „normalen" Haushunden deutlich, dass unsere Haushunde sich in vielen Belangen noch sehr unterschiedlich verhalten, obwohl sie viel von dem Erbgut des Wolfes in sich tragen. Ich habe die Erfahrung gemacht, dass Tschechoslowakische Wolfhunde in vielen Situationen, besonders wenn es um Ressourcen oder Jagdverhalten geht, sehr selbstständig agieren und sich vom Menschen wenig leiten lassen. Diesen Hunden Grenzen zu setzen, wie zum Beispiel kein Essen vom Tisch zu nehmen oder keine Türen zu öffnen, stellt einen – je nach Individuum – vor große Herausforderungen. In Situationen, in denen das Jagdverhalten angesprochen wird, sind sie ohne Leine nicht kontrollierbar gewesen.

Interessant war auch, dass einer der Hunde durch reines Beobachten eines anderen Hundes beim Arbeiten mit einer Flyballmaschine herausgefunden hatte, wie man sie bedient. Bei Hunden habe ich dieses Lernen durch kurzes Zuschauen der Aktion anderer Hunde noch nie in dieser Ausprägung gesehen. Dagegen sind bei Hunden einmal gelernte Aufgaben fast lebenslang auch ohne ständiges Training abrufbar, während bei einem Hund mit hohem Wolfsanteil innerhalb der letzten fünf bis zehn Generationen schon das Sitzen oder Liegenbleiben für länger als ein paar Sekunden – womöglich noch mit gleichzeitigem Außer-Sicht-Begeben – eine längere Übungszeit und sehr viele Wiederholungen erfordert.

Natürlich gibt es bei diesen Hunden innerhalb der Rasse auch Unterschiede. Ein Individuum ist etwas besser trainierbar, also eher wie ein Hund, das andere dagegen fast gar nicht, also eher wie ein Wolf. Unter zuverlässig verstehe ich, dass die Ausführung immer abrufbar ist, auch unter hoher Ablenkung und mit mehreren Wiederholungen, ohne immer unmittelbar zu belohnen.

Gerade dieses Fokussieren der Aufmerksamkeit auf den Menschen, wie bei den meisten Hunden mit wenig Aufwand und Training möglich, stellt einen bei einem Wolfhund vor größere Probleme. Ich bin gespannt, wie sich diese Rasse in den nächsten Jahrzehnten ihrer Weiterzucht entwickeln wird und inwieweit sich hier wieder eine Entwicklung in Richtung „Durchschnittshund" erzielen lässt. Gerade diese durch das Wolfserbe verstärkten Eigenheiten wie starke Verlassensängste, die in der Regel mit extremer Zerstörungswut und Ausbruchsversuchen zum Beispiel aus geschlossenen Räumen und Autos, kombiniert sind, machen solche Hunde nicht zum Haustier für jedermann. Wenn auch das wölfische Äußere viele Menschen fasziniert und in seinen Bann zieht, kann der anstrengende Alltag vor allem in den ersten Jahren dazu führen, dass viele Besitzer kapitulieren und der Hund wieder abgegeben wird.

Interessanterweise stelle ich bei Hunden, die nachweislich aus Populationen stammen, die über mehrere Generationen als Straßenhunde gelebt und sich vermehrt haben, wieder eine leichte Entwicklung in diese Richtung fest, zumindest, was die Trainierbarkeit und den Jagdtrieb angeht. Hier scheint der Fall einzutreten, dass durch die nicht mehr direkt vom Menschen beeinflusste Selektion auf „Straßentauglichkeit" und Überlebensfähigkeit, diese Hunde oft weniger leicht zu trainieren sind und eine größere Tendenz zu Selbstständigkeit und schwer zu kontrollierendem Jagdtrieb ausweisen. Diesen Umstand sollte man bei der Anschaffung eines Hundes mit solch einer Vorgeschichte bedenken.

Denn es kann dann durchaus sein, dass man einen Hund hat, der sich nicht im Alltag in der freien Natur ohne Leine in einem überschaubaren Radius um mich herum bewegt, sondern der jede Gelegenheit und jeden Freiraum nutzt, um sich zu verselbstständigen und zum Beispiel nach Mäusen gräbt oder sich auf Sicht oder allein schon rein durch eine Wildfährte aufmacht, um die Verfolgung anderer Tiere aufzunehmen.

Die Kommunikation kann in solchen Situationen mit dem frei laufenden Hund sehr erschwert bis völlig unmöglich werden. Das Resultat kann dann sein, dass der Hund sein Leben lang an der Leine laufen muss – ohne Freilauf und Herumtoben bei täglichen Spaziergängen. Und wer will das schon?

Schlittenhunde, einzelne Jagdhundrassen und auch Windhunde sind diesbezüglich auch häufig schwerer im Handling. Innerhalb eingezäunter Bereiche, im Haus oder an der Leine und ohne oder mit wenig Ablenkung ist eine Kommunikation und Kontrolle des Hundes in der Regel bei allen Typen deutlich einfacher.

Vor der Anschaffung eines Hundes sollten also auf alle Fälle solche Unterschiede bedacht werden, vor allem bei Menschen, die viel Wert auf eine gewisse Freiheit im Alltag legen und/oder Menschen, die keinen hohen Trainingsaufwand in Kauf nehmen wollen, um den Hund zur Alltagstauglichkeit zu erziehen. Da wir Menschen im Umgang mit dem Hund eine gewisse Harmonie anstreben, können Hunde, die sich außerhalb von Haus und Garten nur sehr wenig dem Menschen anschließen, gerade diese Seite einer Beziehung zwischen uns und dem Vierbeiner sehr auf die Probe stellen und dauerhaft belasten.

Der Laika ist eine Rasse, die aufgrund ihrer ursprünglichen Verwendung für die Elchjagd sehr selbstständig handelt und oft für den Hundehalter eine Herausforderung ist.

Was will der Mensch?

Was wollen wir Menschen durch Kommunikation mit dem Hund erreichen beziehungsweise vermeiden? Wir wollen uns ja nicht nur mit dem Hund „unterhalten“, sondern vor allem wollen wir ihm Botschaften, Wünsche, Erwartungen und Gefühle vermitteln.

Allgemein betrachtet könnte das bedeuten:

- Wir wollen, dass der Hund uns versteht.
- Wir wollen uns möglichst klar verständlich machen.
- Wir wollen den Hund verstehen.
- Wir wollen Kontrolle über den Hund und wir wollen ihn lenken können, um ihm möglichst große Freiräume im Alltag zu ermöglichen.
- Wir wollen ein harmonisches Miteinander.
- Wir wollen unsere Stimmung ausdrücken.
- Wir wollen unsere Stimmung verbergen.
- Wir wollen Missverständnisse und Fehldeutungen vermeiden.

Etwas spezieller bedeutet das:

- Wir wollen dem Hund verschiedene Informationen oder Botschaften mitteilen.
- Wir wollen dem Hund etwas gestatten.
  – Der Hund soll etwas Bestimmtes tun.
- Wir wollen dem Hund etwas verbieten.
  – Der Hund soll etwas nicht tun.
- Wir wollen den Hund vor etwas warnen oder bewahren.
- Wir wollen dem Hund mitteilen, dass er etwas gut gemacht hat.
- Wir wollen positive Emotionen übermitteln.
- Wir wollen dem Hund mitteilen, dass er etwas weniger gut gemacht hat oder etwas Unerwünschtes getan hat, was uns missfällt.

 Versteht der Hund seinen Menschen, weiß er, was von ihm verlangt wird.

Was will der Hund?

Dann gibt es noch die Betrachtungsweise aus Sicht des Hundes. Was sind die wichtigsten Gründe, weshalb der Hund kommuniziert? Wer einmal vergleicht, wie sein Hund mit anderen Hunden und wie er mit Menschen kommuniziert, wird feststellen, dass Hunde hier Unterschiede machen. Ihre Form der Kommunikation ist zum Beispiel auch ganz unterschiedlich zwischen guten Freunden, Bekannten und Fremden.

Hunde wollen in erster Linie Bedürfnisse und Stimmungen mitteilen.

Bedürfnisse, die ein Hund uns mitteilen möchte, können sein:

- Der Hund möchte etwas fressen.
- Der Hund hat Durst.
- Der Hund möchte nach draußen.
- Der Hund möchte sich bewegen.
- Der Hund möchte spielen.
- Der Hund möchte schlafen.
- Der Hund möchte gestreichelt werden.
- Der Hund möchte mit einem anderen Hund in Kontakt treten.
- Dem Hund ist es zu warm – er sucht Abkühlung.
- Dem Hund ist es zu kalt – er sucht Wärme.
- Der Hund sucht Sicherheit.
- Der Hund möchte seine Ruhe.

Einige Beispiele für die Ausdrucksmöglichkeiten eines Hundes: aufmerksam (a), abwehrend (b), entspannt (c), unsicher (d).

Das ist eine Aufzählung von Grundbedürfnissen, die jeder Hund hat. Es können sich in differenzierter Form eine Vielfalt an Bedürfnissen ergeben, die der Hund mitteilen möchte. Überlegen Sie sich doch kurz einmal, was Ihr Hund über einen Tag gesehen an Bedürfnissen äußert, die er Ihnen verständlich machen will.

Kommen wir nun zu den wichtigsten Stimmungen, die Hunde äußern und uns mitteilen wollen. Hierzu zählen:

- Der Hund freut sich.
- Der Hund ist gelassen.
- Der Hund ist aufgeregt.
- Der Hund hat Angst.
- Der Hund ist panisch.
- Der Hund ist aggressiv.
- Der Hund ist wachsam.
- Der Hund ist beunruhigt.
- Der Hund ist verunsichert.
- Der Hund ist gelangweilt.
- Der Hund ist in Spiellaune.
- Der Hund ekelt sich.
- Der Hund ist „verliebt".
- Der Hund ist erregt.

Ein Hund kann auch mehrere Stimmungslagen gleichzeitig ausdrücken, also zum Beispiel eine Mischung aus Aggression und Angst.

!

Stimmungen und Bedürfnisse

Wir Menschen teilen unseren Hunden ebenfalls Bedürfnisse mit, zum Beispiel wenn wir müde sind und schlafen wollen und sich der Hund ebenfalls ruhig verhalten soll. Oder wir wollen uns bewegen und mit dem Hund spielen. Dann äußern wir natürlich auch unsere Stimmungen gegenüber dem Hund.

Der Hund ist in der Lage, Stimmungen des Menschen sehr gut zu erkennen. Das zeichnet den Hund im Vergleich zu allen anderen Tierarten aus. Das jahrtausendelange Zusammenleben mit dem Menschen hat dazu geführt, dass er uns Zweibeiner wie kein anderes Tier versteht und somit auch sehr sensibel auf unsere Stimmung reagiert.

Ein Verstellen oder Verbergen durch den Menschen ist hier sehr schwer. In vielen Büchern liest man, dass es unmöglich ist, die eigene Stimmung vor dem Hund zu verbergen. Ich denke jedoch schon, dass man sich bis zu einem gewissen Grad „verstellen" kann. Das erfordert jedoch eine große Beherrschung und auch eine gewisse Übung.

Kommunikationsmittel von Mensch und Hund

Sowohl Menschen als auch Hunden stehen verschiedene Ausdrucksmöglichkeiten als Kommunikationsmittel zur Verfügung. Allerdings sind hier die Schwerpunkte unterschiedlich gelagert. Daher müssen beide zunächst lernen, diese Ausdrucksmittel richtig zu interpretieren.

Im Kasten finden Sie eine Aufzählung der verschiedenen Ausdrucksmöglichkeiten in der Reihenfolge, in der sie am häufigsten von Mensch und Hund eingesetzt werden.

Mensch	Hund
Stimme	Körpersprache
Mimik	Mimik
Körpersprache	Lautäußerungen

Sowohl Menschen als auch Hunde setzen meist auch Komponenten aus den verschiedenen Bereichen zusammen, so wie der Mensch selten nur seine Stimme einsetzt, sondern in der Regel, wenn ihn sein Gegenüber sieht, auch gleichzeitig noch die Mimik und die Körpersprache für das Gesamtbild eine Rolle spielen. Selbst wenn Menschen telefonieren und ihnen eigentlich bewusst ist, dass sie vom Gesprächspartner nicht gesehen werden können, zeigen sie trotzdem bestimmte Gesten und Körperhaltungen während eines Telefongesprächs.

Genauso setzt der Hund auch eine Mischung aus Körpersprache, Mimik und Lautäußerungen ein. Beim Einbeziehen von Lautäußerungen gibt es große rassespezifische Unterschiede. Shelties und Appenzeller Sennenhunde sind zum Beispiel sehr „mitteilsam", was den Einsatz von Belllauten angeht, während zum Beispiel viele nordische Hunde eher wenige Belllaute in der Kommunikation mit dem Menschen einsetzen.

Wir Menschen denken ja in der Regel, dass Worte und unsere Stimme die wichtigsten Ausdrucksmittel sind. Untersuchungen haben aber ergeben, dass zum Beispiel beim Übermitteln von Botschaften bei Vorträgen der Inhalt der Worte, die Modulation und die Stimmlage unter 50 Prozent ausmachen. Über 50 Prozent machen die nonverbalen, körpersprachlichen Hinweise beim Übermitteln der Botschaften aus.

Sie haben bestimmt auch schon erlebt, dass zwei Personen inhaltlich das Gleiche verlauten lassen, aber einer Person deutlich mehr Beachtung geschenkt wird und deren Botschaft deutlich besser ankommt. Es ist also nicht nur der Inhalt wichtig, sondern auch die Verpackung. Das kann man auf die Kommunikation mit dem Hund sicherlich auch sinngemäß übertragen. Wir müssen unsere Botschaften gegenüber dem Hund so verpacken, dass sie ankommen.

Der Sheltie gehört zu den eher bellfreudigen Hunderassen.

Ausdrucksmöglichkeiten des Menschen

Gehen wir nun noch etwas genauer auf die Ausdrucksmöglichkeiten ein, zunächst beim Menschen.

Variationsmöglichkeiten der Stimme

Die Stimme eines jeden Menschen ist fast unverwechselbar. Wenn man genau überlegt, erkennt man wohl alle seine Bekannten und Verwandten, ja sogar Rundfunkmoderatoren, Schauspieler und Synchronsprecher sofort an ihrer Stimme. Dennoch kann die Stimme sehr stark variiert werden durch:

- Tonhöhe verändern
- Klangfarbe verändern
- Laustärke verändern
- Unterschiedliche Betonung
- Unterschiedliche Aussprache
- Geschwindigkeit bei der Aussprache

Probieren Sie doch mal aus – bitte ohne die Anwesenheit Ihres Hundes –, auf wie viele verschiedene Arten Sie den Namen Ihres Hundes, ein beliebiges Kommando wie zum Beispiel „Komm“ und lobende Worte wie beispielsweise „Toller Hund“ aussprechen können. Machen Sie sich die Mühe: Zeichnen Sie es auf und hören Sie sich die Aufnahme anschließend an.

Wir wissen ja, dass Hunde nicht den Inhalt von Wörtern oder Wortketten im menschlichen Sinn verstehen, sondern mit bestimmten Anordnungen von Lauten ein bestimmtes Verhalten oder Ereignis verknüpfen. Es ist jedoch faszinierend, wie gerade ältere Hunde, die schon längere Zeit mit denselben Menschen zusammenleben, auch aus kompletten Sätzen für sich die richtigen Informationen herausfiltern können.

Das soll natürlich nicht heißen, dass wir unsere Hunde „zutexten“ sollen, wenn wir eine Botschaft übermitteln wollen. Hunde registrieren sofort jede Veränderung in der Stimme des Menschen. Sie sind durchaus in der Lage, den Gemütszustand des Menschen anhand seiner Stimme zu erkennen.

Eindrückliche Beispiele sind hier Ärger oder Aufregung, die sich in der Stimme widerspiegeln. Ärger kann den Hund eher auf Distanz halten, er kommt nur noch zögerlich oder gar nicht mehr zum Menschen. Aufregung in der Stimme kann auslösen, dass der Hund erst mal einen Blick in die Umgebung riskiert, hat er doch schon gelernt, dass eine aufgeregte Stimme bedeutet: Dort ist irgendwo etwas Interessantes (meistens handelt es sich dann um Hunde oder Wildtiere).

Ruft man den Hund mit einer aufgeregten Stimmlage, wird er sich häufig erst in der Umgebung umschauen, weil er gelernt hat, dass dann irgendetwas Interessantes erscheint.

Denn es ist völlig normal, dass sich unsere Stimme etwas aufgeregter anhört, wenn wir unseren Hund rechtzeitig von einem entgegenkommenden anderen Vierbeiner, den wir schon entdeckt haben, abrufen wollen oder ihn davon abhalten möchten, das Reh, den Hasen oder die Ente, die wir schon im Blick haben, zu verfolgen. Ein Hund verknüpft schnell eine bestimmte Stimmlage mit einem gewissen Ereignis.

Dass Hunde außerordentlich gut hören, ist hinreichend bekannt. Deshalb wird allgemein geraten, Anweisungen an den Hund eher leise zu geben. Das mag in den meisten Situationen zutreffen, jedoch gibt es Momente, in denen Hunde die menschliche Stimme nicht registrieren, da ihr Fokus dann auf etwas anderes gerichtet ist. Hier kann ein kurzes, etwas lauteres Wort oder auch ein bestimmter Laut wie zum Beispiel ein Pfiff, ein Schnalzen oder so etwas Ähnliches sinnvoll sein, um die Aufmerksamkeit des Hundes wieder zu erlangen. Ähnliche Wirkung kann auch ein einmaliges In-die-Hände-Klatschen bewirken. Vielleicht haben Sie auch schon mal bemerkt, dass ein Aufstampfen mit dem Fuß auf den Boden einen ähnlichen Effekt hat. Hier wird der Hund, je nach Untergrund, auch noch zusätzlich eine Übertragung der Schwingungen direkt über den Boden spüren können.

Eine große Variation in der Geschwindigkeit der Aussprache kann es dem Hund sehr erschweren, zum Beispiel Kommandos richtig zu deuten. Das Gleiche gilt für sehr unterschiedliche Betonungen von Wörtern. Sie haben wahrscheinlich auch schon erlebt, dass Sie aufgeregt sind und der Hund auf einmal einfache Anweisungen nicht mehr befolgt oder ein anderes Verhalten zeigt, als das, welches Sie durch Ihr Kommando erreichen wollen.

An dieser Stelle taucht die grundsätzliche Frage auf, ob wir als Menschen uns auf einfache Worte in der Kommunikation mit dem Hund beschränken sollen, deren Bedeutung der Hund über Erfahrung und Verknüpfungen lernt, oder ob wir versuchen sollen, Geräusche, die Hunde von sich geben, zu imitieren? Ich denke, grobe Botschaften wie ein tiefes Knurren oder ein hohes Quietschen kann der Hund sicherlich deuten, ohne es vorher vom Menschen gelernt zu haben, denn er hat in der Regel schon als Welpe mit diesen Tonlagen im Zusammenhang mit anderen Hunden Erfahrungen gesammelt. Zumindest haben alle meine bisherigen

Durch akustische Lautäußerungen kann man einem Hund durchaus klarmachen, dass er nicht fest zupacken darf.

Hunde auf ein tiefes Knurren von mir mit Beschwichtigung, ein leichtes Vergrößern der Distanz oder der Unterbrechung von gerade gezeigtem Verhalten reagiert. Allerdings hatte eine Lautäußerung wie „Hey" oder „Ende" in tiefer Tonlage einen ähnlichen Effekt.

Auf ein hohes Quietschen, zum Beispiel wenn der Hund im Spiel etwas zu derb wird und dem Menschen Schmerzen zufügt, haben bisher auch alle Hunde mit Unterbrechung reagiert. Auch ein ausgerufenes hohes „Au" erzielt diese Wirkung.

Somit ist die Antwort: Grobe Botschaften können durch Nachahmen von hundlichen Lautäußerungen übermittelt werden. Wir Menschen werden aber nie die Differenzierung erreichen, die Hunden in der innerartlichen Kommunikation gelingt. Somit ist sowohl der Einsatz von Worten als auch Hundelauten möglich. Für die Umwelt hat Letzteres sicherlich einen größeren Unterhaltungswert. Benutzen Sie einfach – je nach Situation – was Ihnen intuitiv am besten liegt und gefällt. Grundsätzlich kann auch hier gemischt werden.

Tipp
Bei der Kommunikation mit dem Hund akustische Signale einzusetzen, kann dem Hund viele Informationen vermitteln. Denn Hunde nutzen im Umgang mit Menschen auch in größerem Ausmaß Laute, als sie es in der innerartlichen Kommunikation tun.

Ausdrucksmöglichkeiten durch Mimik

Die Mimik ist für uns Menschen ganz wichtig, um Gefühle und Stimmungen einem Gegenüber zu vermitteln. Die große Fülle an verschiedenen Ausdrucksmöglichkeiten durch unser Gesicht ist uns angeboren und tief in uns verankert. Sie sind sogar genetisch so fixiert, dass Menschen aus den verschiedensten Regionen und Kulturen der Erde sofort miteinander durch Mimik und auch Körpersprache kommunizieren können und sich dabei richtig verstehen, ohne die Sprache des anderen zu beherrschen.

Die Mimik wird bestimmt durch:
- Augenausdruck
- Stellung der Augenbrauen
- Form des Mundes
- Unterschiedliche Kontraktionen der Gesichtsmuskulatur

Ein Mensch kann jemanden mit den Augen fixieren. Er kann sie weit aufreißen oder zukneifen, er kann akzentuiert blinzeln, er kann die Augenbrauen anheben oder zusammenziehen, um nur einige Möglichkeiten zu nennen.

Bei der Form des Mundes ist in erster Linie die unterschiedliche Stellung der Mundwinkel von Bedeutung und ob der Mund geöffnet oder geschlossen ist. Zusätzlich kann noch die Lippenform variiert werden.

Außerdem kann der Mensch sein Gesicht quasi mehr oder weniger anspannen, bestimmte Regionen glatt ziehen oder in Falten legen. Besonders die Stirn ist hier sehr ausdrucksstark.

Der Mensch kann die Mimik viel stärker variieren als ein Hund. Dagegen hat er aber im Vergleich zum Hund deutliche Einschränkungen, was die Beweglichkeit der Ohren betrifft, denn er kann seine Ohrenhaltung nicht wesentlich verändern.

Hier erkennt man, dass der Hund auch auf kleinste Änderungen der Mimik seines Menschen mit einer ähnlichen Mimik reagiert.

Der Einfluss der menschlichen Mimik auf die Kommunikation mit dem Hund ist nicht unerheblich. Durch bewussten und gezielten Einsatz von Mimik kann man viele Hunde mit der Aufmerksamkeit förmlich an sich fesseln. Entsprechende Mimik kann dem Hund erwünschtes oder auch unerwünschtes Verhalten verdeutlichen.

Mimik können Menschen gegenüber Hunden, aber auch Hunde untereinander einsetzen, um distanzverringernde oder auch distanzvergrößernde Signale zu setzen. Wichtig sind der bewusste Einsatz von Mimik und konstante mimische Ausdrücke für ähnliche Situationen.

Soll man Hundeverhalten imitieren?

Sollen wir als Menschen nun bei unserer typischen, arteigenen Mimik bleiben oder sollen wir versuchen, die Mimik der Hunde zu imitieren? Hunde lernen sicherlich relativ schnell, grobe menschliche Gesichtsausdrücke wie Freude und Ärger zu verstehen, sodass nichts dagegen spricht, sie auch einzusetzen. Bei meinen eigenen Hunden habe ich festgestellt, dass sie zum Beispiel ein Zeigen der Zähne und ein gleichzeitiges Runzeln des Nasenrückens meinerseits arttypisch verstanden haben, was dazu führt, dass sie ein Verhalten unterbrechen oder auch die Distanz zu mir vergrößern. Diese Mimik ist zum Beispiel bisher in Kombination mit einem Knurrlaut sehr effektiv gewesen, wenn sich die Hunde an meinen Nahrungsressourcen bedienen wollten. Ein Verbotswort hat jedoch nach entsprechender Verknüpfung den gleichen Effekt.

Ich vertrete auch hier die Meinung, dass grobe Botschaften von uns zwar übermittelt werden können, der Mensch aber zu feineren Abstimmungen nur sehr schwer fähig ist.

Ich habe auch schon die Erfahrung gemacht, dass einzelne Hunde auf die Simulationen von Hundeverhalten wie Knurren und Zähnefletschen durch mich mit einer Antwort aus ihrem Kommunikationsrepertoire in Form von Knurren und Zähnezeigen reagiert haben. Hier liegt der Verdacht nahe, dass meine Mimik und Lautäußerung in dem Moment übertrieben war. Gerade im Umgang mit fremden Hunden kann ich nur vor solchen Experimenten warnen.

Ich halte eine ausschließliche Kommunikation über Imitation der Mimik in Kombination mit der Imitation von Lautäußerungen des Hundes im Alltag für nicht praktikabel – vor allem auch deshalb, weil wir uns viel in der Öffentlichkeit bewegen. Denn das würde sicherlich bei unseren Mitmenschen – zumindest bei denen, die keine eigenen Hunde haben – in manchen Situationen auf einige Verwunderung stoßen.

Fazit
Man kann einzelne Elemente aus dem hundlichen Verhalten in Form einer Imitation verwenden, aber der Großteil der Kommunikation wird mit Elementen aus dem menschlichen Repertoire ablaufen. Wichtig ist dabei eben die Konstanz im Umgang, damit es für den Hund einschätzbar und nachvollziehbar bleibt.

Ausdrucksmöglichkeiten durch Gestik und Körpersprache

Außer durch unsere Stimme und Mimik können wir natürlich auch viel durch Körperhaltung und Gestik ausdrücken. Wie schon weiter oben beschrieben, gestikulieren wir Menschen sogar häufig, auch wenn uns der Gesprächspartner nicht sehen kann, wie zum Beispiel beim Telefonieren. Somit ist die Körpersprache eng verknüpft mit unseren Stimmungen und Gefühlen. Nur in Kombination mit den anderen Ausdrucksmitteln können wir uns mitteilen.

Die Körpersprache wird bestimmt durch:

- Die Körperhaltung im Ganzen
- Die Kopfhaltung
- Armhaltung und -bewegung
- Beinhaltung und -bewegung

Der Hund kann genau unterscheiden, ob man ihm die Körperfront zeigt, eher eine seitliche Haltung einnimmt oder komplett den Rücken zudreht. Körperfront und aufrechte Haltung setzen für viele Hunde eher distanzvergrößernde Signale, sich nach vorn über den Hund zu beugen verstärkt nochmals das Signal.

Mithilfe der Körpersprache kann gezielt beim Training mit dem Hund gearbeitet werden.

Dass hier eine andere Konditionierung bereits vom Welpenalter an möglich ist, zeigen Abrufübungen, wie sie im Hundesportbereich üblich sind. Hier steht der Hundeführer mit der Front zum Hund. Der Hund soll sich dann aus einer Warteposition in möglichst schneller Gangart zum Hundeführer begeben und sich dann sofort vor oder neben ihn setzen. Indem man zum Beispiel von Anfang an den Welpen immer belohnt und lobt, wenn man ganz aufrecht mit der Front zu ihm steht und er schnell zu einem läuft, wird dieses Verhalten bestärkt. Diese Körperhaltung ist dann für den Hund nicht mehr distanzvergrößernd, sondern der Auslöser, um die Distanz zu verringern.

Geht man in die Hocke oder dreht sich leicht seitlich ab, hat das eher eine distanzverringernde Wirkung.

Komplettes Rückenzudrehen und ruckartiges Wegdrehen können als Abbruchsignal zum Beispiel beim Hochspringen oder Anbellen eingesetzt werden. Hunde reagieren sehr stark auf Köperdrehungen und auf die Ausrichtung der Schultern. Auf diese Weise kann man den seitlich zu sich selbst befindlichen Hund mit einer im Tempo angepassten Körperdrehung „mitnehmen", also zum Folgen veranlassen. Mit einer Körperdrehung zum Hund hin kann man ihn dagegen eher blocken und bremsen.

Mit entsprechenden Kopfbewegungen und Blickrichtungen kann man dem Hund Signale senden. Der Hund schaut dann oft in die gleiche Blickrichtung oder bewegt sich in diese Richtung.

Mit unterschiedlichen Arm- und Handhaltungen sowie -bewegungen kann man bei Hunden ganz verschiedene Reaktionen auslösen: Von der Animation zum Hochspringen bis zum Auslösen von Fluchtverhalten oder sogar Aggression ist alles möglich.

Handzeichen sind für viele Hunde deutliche Signale dafür, bestimmte Köperhaltungen einzunehmen. Wer kennt ihn nicht, den erhobenen Zeigefinger, der viele Hunde spontan in eine Sitzposition bringt, oder das Zeigen auf den Boden, wodurch sich viele Hunde hinlegen. Auch die frontal in Richtung Hund gehaltene Hand, die den Hund in der Vorwärtsbewegung blockt und ihn zum Anhalten bringt, gehört dazu.

Mit seiner Beinstellung kann man dem Hund anzeigen, in welche Richtung man weiterläuft, also dahin, wo die Fußspitzen hinzeigen. Ein Aufstampfen auf den Boden kann ein Unterbrechungssignal sein; es kann fremde Hunde auch provozieren oder erschrecken. In Kombination mit einer leichten Hockstellung und dem gleichzeitigen Aufhüpfen mit beiden Beinen kann es für vertraute Hunde auch eine Spielaufforderung sein.

Macht man einen Schritt auf den Hund zu, kann er damit geblockt und zu einem Richtungswechsel veranlasst werden.

Wie Hunde können auch wir unsere Gangart variieren und entweder locker oder steifer gehen, von Warnen bis Spielaufforderung ist hier auch alles möglich.

Die Vielzahl an Botschaften und Stimmungen, die dem Hund mit der Körpersprache vermittelt werden können, und die Möglichkeiten, die sich daraus ergeben, sind fast grenzenlos.

!

Ohne Rute!
Als Mensch sind wir sozusagen ein „Natural Bobtail", denn uns steht zur Stimmungsäußerung keine Rute zur Verfügung. Da Hunde mit diesem Defizit beim Menschen schon seit Tausenden von Jahren leben können, müssen wir uns darüber keine Sorgen machen, wahrscheinlich können wir teilweise mit Hand- und Armbewegungen sinngemäß ähnliche Signale vermitteln.

Kombination von Hör- und Sichtzeichen

Die traditionelle Hundeausbildung und Erziehung ist schwerpunktmäßig auf das Ausführen von Hörzeichen ausgerichtet. Sicherlich ist es möglich, bei einem Hund viele Verhaltensweisen rein mit einem verbalen oder akustischen Signal wie zum Beispiel einem Pfiff zu verknüpfen. Es gibt auch Bereiche und Einsatzmöglichkeiten von Hunden – zum Beispiel in der Hüte- und Jagdhundeausbildung – bei denen das ein sinnvoller und wichtiger Bestandteil der Ausbildung ist. Immer dann, wenn Hunde in großer Entfernung zum Menschen Anweisungen befolgen sollen, den Fokus auf andere Tiere haben sollen oder gar außer Sicht sind, ist der Einsatz von akustischen Signalen das einzig wirksame Mittel, um dem Hund Informationen zukommen zu lassen, ohne dass er den Fokus von seiner eigentlichen Arbeit nehmen muss. Würde er sich immer wieder durch Blickkontakt versichern müssen, was ihm gezeigt wird, hätte das einen negativen Einfluss auf die Effizienz der Arbeit.

Genauso wird der Hund, der beim Spaziergang ohne Erlaubnis in Laufrichtung vom Menschen weg ein Tier verfolgt, nicht mehr unmittelbar auf nonverbale Signale reagieren, da er den Fokus komplett auf die vermeintliche Beute gerichtet hat. Hier ist sicherlich ein prägnantes Hörzeichen oder ein Pfiff erfolgversprechender. Nonverbale Kommunikation macht also nur Sinn, wenn der Hund im Blickkontakt zum Menschen steht, ihn also beobachten kann und will. Wenn dies der Fall ist, macht es absolut Sinn, dieses Kommunikationsmittel einzusetzen.

Man wird in vielen Situationen feststellen, dass der Hund bei konträren Informationen aus verbaler und nonverbaler Kommunikation in den meisten Fällen den Signalen, die durch den Körper übermittelt werden, folgen wird. Es ist erwiesen, dass sich Hunde eher an Sichtzeichen als an Hörzeichen orientieren, wenn beides eingesetzt wird. Somit ist klar, wie wichtig die Körpersprache bei der Kommunikation mit dem Hund ist.

Auch wenn Hörzeichen mit eingesetzt werden, wird sich ein Hund bevorzugt nach Sichtzeichen richten.

Hunde können Körpersprache sehr gut deuten.

Wenn ich zum Beispiel in die Hocke gehe und mir leicht auf die Schenkel klopfe, aber gleichzeitig dem Hund sage, dass er den Abstand zu mir vergrößern oder anhalten soll, wird er mit hoher Wahrscheinlichkeit etwas verwirrt sein, aber eher die nonverbale Einladung annehmen und zu mir kommen. Das soll keine Aufmunterung sein, solche verwirrenden Informationen öfter an den Hund zu geben, sondern soll nur verdeutlichen, wo für den Hund der Schwerpunkt liegt.

Körpersprache zu deuten ist angeboren

Achten Sie im Alltag darauf, auf welche Ihrer Signale der Hund eher reagiert. Hunde haben eine große Begabung, die Körpersprache des Menschen zu interpretieren. Nach meiner Meinung gibt es dafür mehrere Gründe.

Einerseits hat der Hund im Laufe der Haustierwerdung eine Entwicklung in diese Richtung genommen, da diejenigen Individuen größere Überlebenschancen hatten, die im Zusammenleben mit dem Menschen in der Lage waren, das Verhalten der Menschen richtig zu deuten. Folglich hatten diese Hunde auch größere Chancen sich fortzupflanzen und somit wurde das Erbgut in dieser Richtung beeinflusst beziehungsweise weitergegeben.

Ein weiter Grund ist, dass der Hund als vom Wolf abstammender Beutegreifer sowieso die Gabe besitzen muss, die Bewegungen und Körpersprache anderer Lebewesen zu lesen und einzuschätzen. Bei der Jagd auf Beutetiere braucht der Wolf ein Gefühl dafür, wie sich ein Tier bewegt und welche Richtung es einschlägt. Umso früher der Wolf das erkennt, desto größer sind seine Erfolgschancen. Genauso muss er erkennen, wann ein Tier fluchtbereit ist oder – was für sein Überleben noch wichtiger ist – wann die Gefahr eines Angriffs besteht, da es durchaus auch wehrhafte Beutetiere gibt.

Der Wolf hat also schon die Fähigkeit, die Signale anderer Tiere zu deuten. Wir Menschen haben uns diese auch im Hund vorhandene Gabe zunutze gemacht, um Hunde zum Beispiel für die Jagd oder das Hüten von Tieren einsetzen zu können. Bei den entsprechenden Rassen sind diese Eigenschaften in besonderem Maße vorhanden. Deshalb ist es kein Wunder, dass es Hunden auch losgelöst vom Jagdverhalten leicht fällt, die Körpersignale anderer Lebewesen artübergreifend zu verstehen.

Achten Sie mal darauf, wenn Sie mit Ihrem Hund ein Fangspiel machen, wie gut er teilweise ihre Bewegungen vorausahnen und wie schnell er mit Richtungswechseln reagieren kann.

Fazit
Man kann also sagen, dass der Mensch in der Kommunikation mit Hunden alle ihm zur Verfügung stehenden Mittel einsetzen sollte. Sie sollten also weder schwerpunktmäßig nur auf akustischer oder auf nonverbaler Ebene agieren, sondern das komplette Spektrum und alle möglichen Kombinationen einsetzen. Wichtig ist hier, abzuwägen und einzuschätzen, welche Signale in welchen Situationen Sinn machen und vom Hund registriert werden.

Hier an der Reizangel kann ein Hund schon vorausschauend „berechnen", wo die Beute hinfliegt, und den direkten Weg dorthin abkürzen.

Ausdrucksmöglichkeiten des Hundes

Widmen wir uns nun den Ausdrucksmitteln, die dem Hund zur Verfügung stehen.

Die vom Körper ausgesendeten Signale werden übermittelt durch:
- Körperhaltung
- Körperspannung
- Gangbild
- Rutenhaltung
- Ausrichtung des Fells

Weitere Ausdrucksmittel sind:
- Mimik
- Ohrenhaltung
- Lefzenstellung
- Form der Nase
- Lautäußerungen
- Gerüche

Dieser Hund wedelt zwar mir der Rute, zeigt aber gleichzeitig ein ganz klares Abwehrverhalten und ist keineswegs nur freundlich gestimmt.

Ich denke, in unserer Gesellschaft hat jeder Mensch, auch derjenige, der nicht viel mit Hunden zu tun hat, grobe Anhaltspunkte über das Ausdrucksverhalten von Hunden. Im Folgenden sind die häufigsten verbreiteten Weisheiten aufgeführt, die allerdings auf keinen Fall so einfach schematisiert werden können, da das Ausdrucksverhalten ein sehr komplexer Bereich ist. Denn durch kleinste Veränderungen und Details der Komponenten des Hundeverhaltens können ganz unterschiedliche Bedeutungen entstehen.

Interpretationen, die nicht immer zutreffen:
- Hund wedelt mit dem Schwanz = freundlich, lieb
- Hund knurrt = gefährlich, Vorsicht!
- Hund zeigt die Zähne = aggressiv, will beißen
- Hund stellt die Haare = unsicher bis aggressiv
- Hund zieht Schwanz ein, duckt sich = ängstlich
- Hund bellt = wachsam

In solchen Feststellungen steckt sicherlich eine ganze Portion Wahrheit. Sie zeigen aber, dass hier nicht großartig differenziert wird. Feine Nuancen des Ausdrucksverhaltens und deren Bedeutung sind in der breiten Öffentlichkeit nicht publik. Dass andere Tierarten, was den Bekanntheitsgrad von Ausdrucksverhalten angeht, da noch bedeutend schlechter dran sind, wird schnell klar. Katzen machen Miau und kratzen, Pferde wiehern und schlagen aus – nur um Beispiele zu nennen.

Wer sich eingehender mit Hunden beschäftigt, sollte in diesem Bereich jedoch einen besseren Überblick haben.

Häufige Missverständnisse

Bei der Interpretation des Hundeverhaltens gibt es immer wieder, besonders bei weniger erfahrenen Menschen und auch Hundehaltern, gewisse Missverständnisse. Einige klassische Beispiele werden im Folgenden aufgeführt:
- Der Hund schwingt steif die Rute hin und her. Das ist nicht, wie meist angenommen, eine Geste der Freundlichkeit, sondern meist ein Imponieren oder Drohen, erkennbar daran, dass die Rute steif und nicht locker und entspannt hin- und hergewedelt wird.
- Der Hund brummt aus Wohlbehagen. Es hört sich vielleicht wie ein Knurren an, hat aber mit Aggression nichts zu tun.
- Der Hund duckt sich und schleicht sich an und hat dabei die Rute sehr tief getragen bis eingezogen. Das drückt keine Angst aus, sondern ist zum Beispiel beim Border Collie in Kombination mit dem Fixieren oder Anstarren der anderen Tiere eine Form des Hüteverhaltens.

- Der Hund zeigt ein Begrüßungsbellen. Das hat oft auch nichts mit Aggression zu tun, sondern der Hund drückt eine leichte Aufregung in Form von Bellen aus.
- Manche Hunde zeigen auch als Teil des Begrüßungsverhaltens die Zähne und grinsen sozusagen. Das ist nicht ein Zähnefletschen, sondern ein Verhalten, das fast nur im Umgang mit Menschen beobachtet wird. Hunde können anderen Hunden gegenüber ein submissives, das bedeutet unterwürfiges oder ergebenes Grinsen zeigen. Das Begrüßungsgrinsen gegenüber Menschen könnte eine abgewandelte Form sein. Vielleicht haben sich Hunde aber auch im Laufe der Jahrtausende das Lächeln von uns abgeschaut und gelernt, dass wir etwas Angenehmes damit verbinden.
- Ein kurzhaariger Hund stellt bei tiefen Minustemperaturen auf dem Rücken die Haare auf und hat dabei meist die Rute eher tief getragen, was teilweise auch mit einem leichten Zittern und Einknicken der Hinterhand kombiniert ist. Das hat in diesem Fall nichts mit Aggression oder Unsicherheit zu tun, sondern das Aufstellen der Haare erfolgt als Reaktion auf die Kälte. Wir bekommen ja auch eine Gänsehaut, wenn wir frieren, und unsere spärliche Körperbehaarung richtet sich auf. Dieses Bild drückt also in erster Linie aus, dass der Hund friert.

Bei diesem kurzhaarigen Hund ohne Unterwolle ist das Aufstellen der Haare eine Reaktion auf die Kälte und hat nichts mit Aggression oder Drohverhalten zu tun.

Verschiedene Rassen – verschiedene Ausdrucksmöglichkeiten

Wenn wir verschiedene Wölfe betrachten, sehen diese zwar unterschiedlich aus, aber jeder gesunde Wolf hat eine Gestalt, die es ihm ermöglicht, die volle Bandbreite an Ausdrucksverhaltens zu zeigen. Bei den unterschiedlichen Hunderassen verhält es sich da schon wesentlich anders.

Es gibt noch einige Rassen, die durch Körperbau und Gestalt wenig im Ausdrucksverhalten eingeschränkt sind: Sie haben Stehohren, eine entfernt an den Wolf angelehnte Kopfform, eine wolfsähnliche Rutenhaltung und meist ein stockhaariges Fell. Beispiele sind verschiedene Schäferhunde (Deutscher Schäferhund, Malinois und der stockhaarige Hollandse Herdershond), aber auch nordische Hunde wie Husky oder Malamute.

Dieser Harzer Fuchs ist durch Körperbau und Fellbeschaffenheit überhaupt nicht in seinen Ausdrucksmöglichkeiten eingeschränkt.

Hunde mit Zottelhaaren haben ein eingeschränktes Gesichtsfeld und können selbst auch nur wenig mit ihrer Mimik ausdrücken. Hier sind Missverständnisse oft vorprogrammiert.

Dann gibt es viele Rassen mit leichten bis mittleren Einschränkungen in den Möglichkeiten des Ausdrucksverhaltens, sei es durch vom Stehohr abweichende Ohrenstellungen, eine Ringelrute oder einen Natural Bobtail (angeborene Stummelrute), längeres Fell und leichte Veränderungen im Körperbau.

Und es gibt natürlich auch Rassen, die im Hinblick auf ein oder auch mehrere Merkmale ein Exterieur haben, das von dem eines Wolfes extrem abweicht, wodurch deren Ausdrucksmöglichkeiten teilweise sehr eingeschränkt sind.

Dies macht es nicht nur für Menschen schwerer, das Ausdrucksverhalten zu deuten, sondern im

Umgang mit anderen Hunden kann es auch zu Kommunikationsproblemen und Missverständnissen kommen. Es ist wichtig, dass jeder junge Hund möglichst mit vielen unterschiedlich aussehenden Hundetypen in Kontakt kommt, um sich auf deren Mimik, Körpersprache und Ausdruck einstellen zu können. Manche Hunde entwickeln trotzdem eine große Abneigung gegen stark brachyzephale Rassen wie zum Beispiel Mops, Bulldoggen oder auch Boxer. Dazu trägt nicht nur die Optik, sondern häufig auch die geräuschvolle Atmung und weitere Lautäußerungen, die durch die veränderte Kopfform hervorgerufen werden, bei.

Eine stark vom Wolfstyp abweichende Kopfform, besonders langes Haar im Kopfbereich oder extreme anatomische Proportionen wie zum Beispiel beim Dackel oder Basset, führen zu starken Beschränkungen und reduziertem Ausdrucksverhalten. Erstaunlich ist immer wieder, wie gut Besitzer, die schon jahrelang mit Rassen zu tun haben, die durch extreme Rassemerkmale stark vom Wolfstyp abweichen, deren Stimmungen deuten können. Das liegt sicherlich an der langjährigen Erfahrung und dass man im Laufe der Zeit auch als Mensch gelernt hat, was der Hund einem sagen möchte.

Körpersprache

Die Körpersprache des Hundes wird durch viele feine Nuancen bestimmt. Nicht nur die Körperhaltung, sondern auch die Art der Bewegung, das Rutenspiel, die Rutenhaltung und sogar die Stellung, die Fellbeschaffenheit und das Aufstellen der Haare tragen zum Gesamtbild der Körpersprache bei.

Körperhaltung

Wie kann man die einzelnen Körperhaltungen beim Hund charakterisieren? Hier gibt es verschiedene Abstufungen, mit denen der Hund jeweils etwas Bestimmtes ausdrucken möchte. Mit der gesamten Körperhaltung kann ein Hund auch aus größerer Entfernung deutlich erkennbar signalisieren, ob er dominant, unterwürfig, entspannt oder ängstlich ist, um nur einige Beispiele zu nennen.

Dieser Deutsche Schäferhund ist entspannt und ausgeglichen.

Zunächst gibt es den neutralen Bereich. Der Hund ist entspannt und ausgeglichen. Der entspannte Hund zeigt eine lockere Bewegungsweise und hält den Kopf in gerader Linie mit dem Körper – es sei denn, der Hund hat gerade etwas ganz Interessantes am Boden zu schnüffeln.

Hat irgendetwas seine Aufmerksamkeit erregt, hebt er den Kopf und stellt die Ohren nach vorn. Der ganze Körper scheint unter Spannung zu stehen, wobei manchmal auch noch die Rute gerade nach hinten gestreckt wird. Vorstehhunde müssen diese gespannte Körperhaltung in Verbindung mit einer angehobenen Vorderpfote einnehmen, wenn sie ein entsprechendes Wildtier ausgemacht haben und es durch das typische „Vorstehen" anzeigen. Diese Körperhaltung findet man aber auch bei vielen anderen Hunden. Es ist somit eine Verhaltensweise, die auch bei Nicht-Jagdhunden häufig noch im Erbgut verankert ist.

Beim typischen Vorstehen eines Jagdhundes steht der ganze Körper unter Spannung.

Dann gibt es Körperhaltungen, bei denen sich der Hund größer machen möchte, um seinem Gegenüber, in der Regel einem Rivalen oder Konkurrenten, größer zu erscheinen. Hierfür baut er Körperspannung auf und scheint quasi fast auf den Zehenspitzen zu laufen. Oft sieht man dieses Maximum an Körperspannung, wenn sich zwei gleichgeschlechtliche Hunde begegnen. Rüden sind dabei ganz besonders Meister im Imponieren und Umherstelzen.

Wenn sich Rüden begegnen, wollen sie häufig imponieren und durch ihre Spannung noch größer erscheinen wie in diesem Fall der linke Hund.

Verunsicherung und Angst führen dazu, dass sich der Hund kleiner machen möchte. Er knickt in den Beinen ein, der Kopf wird tiefer gehalten und mit zunehmender Angst erscheint der Rücken oft sogar rund.

Dieser Hund, bedrängt von zwei Artgenossen, drückt mit seiner Körperhaltung eine gewisse Unsicherheit aus.

Körperspannung

Wenn Hunde eine hohe Körperspannung zeigen, müssen sie nicht automatisch imponieren. Auch im Spiel mit dem Menschen oder mit Artgenossen agiert ein Hund mit hoher Körperspannung. Hunde, die Angst ausdrücken, sind zwar auch angespannt, aber auf eine andere Art und Weise. Hierbei handelt es sich dann mehr um ein Verkrampfen und der Hund sackt trotz Anspannung in sich zusammen.

Ducken

Eine spezielle Körperhaltung, die vor allem typisch ist für die meisten Hütehunde, ist ein „geduckter" Gang, wenn sich der Hund voll auf seine Arbeit konzentriert, also zum Beispiel die zu hütenden Tiere im Auge behält. Hierbei sieht man genau, unter wie viel Spannung der Körper des Hundes steht. So kann er – falls nötig – blitzschnell reagieren, um sich wieder in die richtige Position zu begeben. Auch im Hundesport zeigen solche Hunde diese Spannung, um möglichst schnell auf das kleinste Signal ihres Hundeführers reagieren zu können.

Eine andere Variante des Duckens kann man bei ganz verschiedenen Hundetypen beobachten, wenn sie plötzlich etwas total Spannendes entdecken und sie sich dem Einfluss ihres Menschen entziehen möchten.

Wittert zum Beispiel ein Hund mit ausgeprägtem Jagdtrieb die Spur eines Wildtieres und möchte diese verfolgen, weiß aber genau, dass er es nicht ohne Freigabe darf, senkt er den Körper etwas tiefer und bekommt einen steiferen Gang. Das ist meistens die letzte Möglichkeit, ihn noch rechtzeitig abzurufen, bevor er sich selbstständig macht. Somit ist das richtige Interpretieren der Körpersprache und -haltung besonders wichtig, um unerwünschte Verhaltensweisen zu vermeiden.

Bei diesem Hund ist das Anschleichen ein Bestandteil des Hüteverhaltens, aber viele Hunde pirschen sich auch an, wenn sie einen Artgenossen in der Ferne entdecken.

Ein anderes Beispiel ist die Situation, wenn ein Hund in der Ferne einen Artgenossen entdeckt, den er noch nicht richtig erkennen oder zuordnen kann, sich ihm aber langsam nähern möchte, um festzustellen, um wenn es sich handelt. Auch dann wird oft eine geduckte Haltung beim „Anpirschen" gezeigt oder der Hund legt sich ganz hin und wartet, bis der andere näher gekommen ist, um dann plötzlich in geduckter Haltung auf ihn zuzuspringen.

Die Vorderkörpertiefstellung ist die klassische Spielaufforderung sowohl Artgenossen als auch Menschen gegenüber.

Vorderkörpertiefstellung

Die klassische Art der Spielaufforderung bei Hunden ist die Vorderkörpertiefstellung. Hiebei wird nur der Vorderkörper geduckt, indem die Ellenbogen eingeknickt werden, während das Hinterteil nach oben gestreckt bleibt. Dieses Verhalten zeigen Hunde sowohl Artgenossen gegenüber, wenn sie diese zum Spielen auffordern wollen, aber auch Menschen gegenüber, wenn sie gern spielen möchten oder darauf warten, dass zum Beispiel ein Spielzeug geworfen wird. Diese Körperhaltung ist häufig damit kombiniert, dass die Rute heftig hin und her bewegt wird und kann auch noch vom hellen Spielaufforderungsbellen unterstützt werden.

Gangbild

Hier gibt es von Haus aus schon enorme Rasseunterschiede. Vergleichen wir zum Beispiel den etwas watschelnden Gang einer Englischen Bulldogge mit dem federnden Trab eines Afghanen – welch ein Kontrast!

Dennoch bemüht sich jeder Hund mit den ihm zur Verfügung stehenden Möglichkeiten, sich eher neutral und energiesparend zu bewegen, mal federnd, mal hüpfend, mal stelzend, mal schleichend oder sogar kriechend.

 So sieht ein energiesparender, federnder Gang aus.

Rutenspiel und Rutenhaltung

Das Rutenspiel eines Hundes ist wohl jedem bekannt – auch dem Nicht-Hundehalter. Aber leider wird es auch häufig missverstanden. Denn immer noch wird sehr häufig – auch von „Hundekennern" – behauptet, ein Hund, der mit dem Schwanz wedelt, freut sich doch. Die Haltung der Rute sowie die anderen Signale der Körpersprache müssen aber dabei ebenfalls berücksichtigt werden und können dann zu ganz anderen Interpretationen führen.

Weiterhin gibt es auch rassetypische Grundhaltungen der Rute, von der über den Rücken getragenen Ringelrute bis zur fast ausschließlich tief getragenen, nahezu eingeklemmt erscheinenden Rute von vielen Windhunden.

Wenn wir von der an den Wolf angelehnten Rutenhaltung ausgehen, können wir schon grundsätzlich sagen, dass der Hund die Rute in Erregung und Anspannung eher höher trägt, in neutraler Verfassung eher locker herabhängen lässt und bei Verunsicherung und Angst eher einklemmt.

Rutenspiel und Ruten- sowie Körperhaltung sagen sehr viel über die Stimmung und die Verfassung eines Hundes aus, besonders wenn er Kontakt mit einem Artgenossen aufnimmt.

Je höher die Rute getragen wird, umso selbstsicherer oder dominanter ist ein Hund. Dabei kann es auch durchaus sein, dass die Rute langsam hin- und herschwingt, was dann oft auch fälschlicherweise als das freundliche „Schwanzwedeln" interpretiert wird. Allerdings kann der selbstbewusste Hund dadurch sogar aggressives oder dominantes Verhalten gegenüber seinem Artgenossen ausdrücken wollen. Und falls es dann tatsächlich zu einer Konfrontation oder gar einer Rauferei zwischen den beiden kommt, ist der ahnungslose Besitzer entsetzt, warum sein Hund, der sich doch „so gefreut hat", auf einmal eine Prügelei anfängt. Übrigens wird dieses Verhalten in der Regel bei Begegnungen mit Artgenossen gezeigt. Gegenüber Menschen ist es eigentlich eher eine Ausnahme.

Wird die Rute waagerecht nach hinten oder im Bogen leicht nach oben gerichtet und schwingt heftig hin und her, wird meistens ein befreundeter Hund oder Mensch begrüßt. Je heftiger die Rutenbewegung ist, umso größer ist dann die Freude. Manchmal wackelt dann sogar das ganze Hinterteil von dem Hund mit. Eine im lockeren Bogen nach unten getragene Rute ist ein Zeichen für Entspannung.

Wird die Rute nach unten gehalten oder sogar unter den Bauch geschlagen, signalisiert der Hund damit meistens Unterwerfung oder Angst. Ausnahmen bilden hier zum Beispiel Hütehunde wie Border Collies und Kelpies, bei denen die tief getragene Rute bei der Hütearbeit ein Zeichen von Konzentration und Teil des Hüteverhaltens ist, das darauf beruht, dass andere Tiere über eine typische Körperhaltung kontrolliert werden sollen. Auch in anderen Alltagssituationen neigen Hunde dieses Typs dazu, bei Anspannung die Rute tief zu tragen, was nicht zwangsläufig mit Angst verknüpft sein muss. Unwohlsein, Kälte und Schmerzen können auch bewirken, dass der Hund die Rute dicht an oder unter den Körper zieht.

Aber selbst Hunde mit rassebedingt extremen Rutenhaltungen können auch die Position der Rute beeinflussen. Jeder Hund, der eine Rute hat, kann diese auch einklemmen, hat er keine Rute, wird oft das Hinterteil eingezogen, was optisch ähnlich wirkt.

Das Begrüßungswedeln mit der Rute zeigen auch Hunde mit verkürzten oder fehlenden Ruten, und auch diejenigen, bei denen der Schwanz kupiert wurde (was es bei uns ja eigentlich nicht mehr geben dürfte). Sie wackeln dann mit der ganzen hinteren Hälfte.

Es ist nicht aussagekräftig, dass ein Hund mit der Rute wedelt, um seine Stimmung erkennen zu können, sondern es kommt vielmehr darauf an, wie er damit wedelt. Hunde können hier auch ganz differenzierte und nur angedeutete Signale setzen. Es ist zum Beispiel von uns nicht immer genau zu erkennen, wenn die Rutenspitze nur um einen Hauch bewegt wird, daher wird es schnell übersehen.

Haare

Die Art und Weise, wie die Haare des Hundes angeordnet sind, können ebenfalls viel über seine Stimmung aussagen. Wichtig ist es hierbei, nicht nur auf die Körperbehaarung zu achten, sondern auch auf die Barthaare des Hundes, die in verschiedenen Situationen entweder dicht an der Schnauze angelegt oder abgespreizt werden können.

Hunde stellen ihre Haare im Rückenbereich aus verschiedenen Anlässen auf. Das können sie mit unterschiedlicher Intensität und auch noch an verschiedenen Stellen. Die Haare können entweder im Schulterbereich, nur an der Schwanzwurzel oder über den gesamten Rücken aufgestellt werden. Das Aufstellen der Haare im Schulterbereich in Verbindung mit einer aufgerichteten Körperhaltung zeugt für ein Dominanzverhalten und/oder Drohen.

Das Aufstellen von Haaren hat aber oft auch mit leichter oder sogar stärkerer Verunsicherung zu tun.

Bei der Begegnung zweier sich fremder Rüden tritt das reflektorische Aufstellen der Haare fast immer auf.

!

Reiner Reflex

Das Aufstellen der Haare – oft als „Bürste" bezeichnet – ist ein reflektorischer Vorgang, der nicht bewusst gesteuert werden kann, sondern durch die Ausschüttung von Stresshormonen ausgelöst wird. Der Hauptgrund für das Aufstellen der Haare ist der Versuch, größer zu erscheinen. Bei Hunden werden zu diesem Zweck die Haare entlang der Rückenlinie aufgerichtet. Meistens stellen sich nur die Haare oberhalb der Schultern zu einer „Bürste" auf. Bei großer Unsicherheit oder Aufregung kann sich diese Bürste auch bis zur Schwanzwurzel erstrecken. Das Aufrichten der Haare ist nicht unbedingt ein Zeichen von Aggression, sondern kann auch Angst oder Unsicherheit signalisieren.

Ein Aufstellen der Haare nur am Schwanzansatz kann mit leichtem Imponieren einhergehen. Ich habe schon Hunde kennengelernt, die sehr oft die Haare nur am Schwanzansatz aufstellen. Bei einigen Rottweilern ist mir aufgefallen, dass sie schon im Fall einer leichten Aufregung die Haare in diesem Bereich teilweise sogar über einen längeren Zeitraum aufstellen, und zwar nicht nur bei Begegnungen mit anderen Hunden, sondern auch bei der Kommunikation mit Menschen.

Es gibt auch Hunde, die in der Erregung, wenn sie etwas jagen wollen oder in der Erwartung auf ein Spielzeug, an der Rute extrem die Haare abspreizen. Da bekommt die Formulierung „unter Strom stehen" eine gewisse Bedeutung. Man sieht es auch bei Hütehunden während der Arbeit, wenn sie zu wenig entspannt arbeiten. Ist dies zu beobachten, besteht oft die Gefahr, dass sich die übermäßige Erregung in einer Attacke auf die zu hütenden Tiere entladen kann.

Dieser Kelpie steht wirklich „unter Strom", erkennbar an den abgespreizten Haaren an der Rute.

In Situationen, in denen Hunde diese Anzeichen in Verbindung mit hektischen Bewegungsabläufen zeigen, kann der Hundehalter sehr dazu beitragen, den Hund wieder „runterzufahren", indem er durch seine eigene Ruhe und Selbstsicherheit den Hund auf ein niedrigeres Trieblevel bringt. Hektik und Aufregung vonseiten des Menschen kann diesen Zustand des Hundes bis zum totalen Überschäumen mit Kontrollverlust des Hundes über sich selbst und folglich auch zu einem Kontrollverlust durch den Menschen führen.

Haare im Rückenbereich aufzustellen, kann – wie bereits erwähnt – auch ein Unwohlsein des Hundes, in der Regel ausgelöst durch Kälte, oft auch in Verbindung mit Feuchtigkeit, ausdrücken. Dies habe ich bisher nur bei kurzhaarigen und somit kälteempfindlichen Hunden, meist ohne Unterwolle, beobachten können.

Am besten ist das Aufstellen der Haare bei Hunden mit kurzem Fell oder Stockhaar zu erkennen. Schwierig ist es zu sehen, ob der Hund seine Haare stellt, bei langhaarigen oder rauhaarigen Rassen. Und bei Hunden mit extrem langem Fell oder bei den Rassen mit den „Rastalocken" können die Haare aufgrund ihres Gewichts gar nicht mehr sichtbar aufgestellt werden, obwohl der Reflex sicherlich bei diesen Hunden auch noch vorhanden ist.

Und dann gibt es noch Hunde, die immer Haare stellen, weil sie einen sogenannten Ridge auf dem Rücken haben, bei denen die Haare in die entgegengesetzte Richtung wachsen. Trotzdem können sie auch

Bei diesem Ridgeback-Mischling ist der Ridge nur im hinteren Rückenbereich ausgebildet.

noch die restlichen Haare am Rücken zusätzlich aufstellen. Somit kann man unterscheiden, ob beim Hund nur sein normaler Ridge zu sehen ist oder ob er auch die anderen Haare stellt. Anerkannte Rassen mit Ridge sind der Rhodesian Ridgeback und der Thai Ridgeback. Auch bei Mischlingen dieser Rassen kann sich der Ridge häufig als Merkmal durchsetzen.

Eine interessante Form eines kleinen angeborenen Ridge auf dem Nasenrücken kommt auch noch bei einzelnen Exemplaren vieler Rassen vor. Gesehen habe ich es bisher bei Border Collies, bei Kelpies, bei Retrievern und bei einem Mischling. Es wird sicherlich noch bei anderen Rassen und Mischlingen zu finden sein. Dies scheint eine Mutation zu sein. Man könnte sicherlich dieses Merkmal züchterisch fördern, indem man gezielt Zuchtpartner mit einem Ridge auf dem Nasenrücken miteinander verpaaren würde.

Ein kleiner Nasenridge kann bei verschiedenen Rassen oder Mischlingen vorkommen und ist vermutlich eine Mutation.

Nasenridge
Einen solchen „Nasenridge“ habe ich auch schon bei einem Arktiswolf in einem Gehege gesehen. Ein anderes Tier aus dieser Gruppe hatte den Ansatz zu einem Überbiss, wie er bei brachyzephalen Rassen vorkommt. Da die Wölfe aus einer Zoopopulation stammten, die meist einen hohen Inzuchtfaktor haben, könnte das ein Indiz dafür sein, dass solche Merkmale ein Ergebnis von Linienzucht sein können. Unter Linienzucht versteht man die Verpaarung von Tieren, die ab der 2. oder 3. Generation miteinander verwandt sind. Dies ist eine Zuchtpraxis, die in der Rassehundezucht sehr üblich ist, um Tiere von einheitlichem Typ zu schaffen. Dadurch leuchtet auch ein, dass so einige Merkmale unserer Rassen durch das Herauszüchten mit wenigen Merkmalsträgern entstanden sind und viele Rassen eine sehr geringe genetische Variabilität aufweisen.

Zum Schluss muss noch erwähnt werden, dass auch die Farbe der aufgestellten Haare dazu beitragen kann, den Hund größer erscheinen zu lassen. Normalerweise sind die Rückenhaare an den Spitzen dunkler gefärbt als an der Basis. Beim Aufstellen werden somit die dunkleren Spitzen deutlicher hervorgehoben, wodurch der Hund größer und imposanter wirkt.

Mimik

Eigentlich genauso wichtig wie die Ausdruckformen des Hundekörpers ist die Mimik. Zusammen mit der Körpersprache ergibt sich dadurch ein Gesamtausdruck.

Auch bezüglich des Gesichtsausdrucks gibt es Hundetypen, die durch extreme Kopfformen oder auch sehr lose Gesichtshaut deutliche Einschränkungen haben. Das spielt nicht nur in der Kommunikation mit anderen Hunden eine Rolle, sondern kann auch dem Menschen die Deutung von Stimmungslagen erschweren. Hunde mit einem quasi zugewachsenen Gesichtsfeld sind nicht nur selbst in der optischen Wahrnehmung eingeschränkt, sondern geben auch dem Gegenüber wenig Informationen, da durch die Haare ein Großteil der Gesichtsregungen nur schwer zu erkennen ist beziehungsweise man feine Nuancen nicht erkennt, sondern erst die groben und extremen mimischen Veränderungen.

Bestimmt wird die Mimik durch die Stellung von Augen, Ohren, Mund und Lefzen sowie das „Stirnrunzeln“. Außerdem beeinflussen die Fellstruktur und auch die Farbe beziehungsweise die Fellzeichnung im Gesicht, wie stark sich ein Hund durch die Mimik mitteilen kann.

Augen

Wichtige Ausdruckmittel für die Mimik sind die Augen. Sie können in Normalstellung sein, zugekniffen oder auch aufgerissen werden. Wichtig ist auch die Pupillengröße der Augen.

Sind die Pupillen weit und die Augen normal geöffnet, ist der Hund ausgeglichen und entspannt. Sind die Pupillen aber sehr weit in Verbindung mit aufgerissenen Augen, auch wenn die Umgebung nicht besonders dunkel ist, deutet das oft auf Stress hin, kann aber auch ein Zeichen von Angst sein.

Beim Fixieren, was oft mit Drohen einhergeht, verengen sich auch die Pupillen. Das verleiht dann den Augen einer eher stechenden Ausdruck. Eng zusammengezogenen Pupillen sind – wenn es nicht gerade extrem hell ist – also ein Zeichen für Konzentration oder Alarmbereitschaft, zum Beispiel wenn der Hund sich auf einen eventuellen Kampf mit seinem Gegenüber vor-

Bei diesem Golden Retriever wird die Mimik noch durch das Stirnrunzeln unterstützt, was ihm fast einen melancholischen Gesichtsausdruck verleiht.

!

Auf Nuancen kommt es an

Allerdings gibt es auch hier wieder verschiedene Varianten und feine Nuancen, die nur in Verbindung mit anderen Signalen betrachtet werden müssen. Wenn man zum Beispiel ein Spielzeug in der Hand hält, das der Hund unbedingt haben möchte, werden die Pupillen groß und rund und die Augen fixieren das Objekt der Begierde. Verstärkt wird dieser Ausdruck häufig noch dadurch, dass die Augenbrauen etwas hochgezogen und die Ohren so weit wie möglich nach vorn gerichtet werden und – falls es die Fellbeschaffenheit des Hundes zulässt – die Stirn in Falten gelegt wird.
Erblickt ein Rüde eine läufige Hündin, entsteht durch weite Pupillen und ein Runzeln der Stirn ein sanfter Blick. Erscheint dann aber ein Rivale auf der Bildfläche, kann sich in Bruchteilen von Sekunden der Gesichtsausdruck verändern: Die Pupillen verengen sich, die Gesichtshaut wird gestrafft und der Blick erscheint sofort stechender.

Dieser Hund zeigt ganz klar Anzeichen von Stress.

bereitet oder sich auf ein Beutetier oder ein zu hütendes Tier konzentriert.

Das Zukneifen der Augen kann Wohlbefinden ausdrücken, zum Beispiel wenn der Hund gekrault wird.

Darüber, ob das Zukneifen der Augen auch ein Beschwichtigungssignal darstellt, ist sich die Wissenschaft nicht ganz einig. Ich habe zumindest festgestellt, dass ein Hund es zu diesem Zweck einsetzt, denn er zeigt das Verhalten oft, wenn er in sitzender Position längere Zeit warten soll, er nicht aufstehen darf und ich außer Sichtweite gehe. Wenn ich dann beim Zurückkommen frontal auf ihn zulaufe und ihn anschaue, kneift er die Augen zusammen. Es besteht dann wohl ein leichter Konflikt im Hund, denn er soll still sitzen, bis man bei ihm ist, das natürliche Verhalten wäre aber, sich beim Herankommen zu bewegen. Sie überlegen sich jetzt vielleicht, warum mein Hund irgendwo so still sitzen soll. Das ist schnell erklärt: Es handelt sich nämlich um eine Übung, die im Obedience verlangt wird.

Was man bei Hunden mit sehr hellen Augen bei intensiver Sonneneinstrahlung extrem beobachten kann, ist, dass sie die Augen stark zukneifen. Besonders ist das bei Hunden mit braunem, also nicht schwarzem Pigment zu beobachten wie zum Beispiel beim Nova Scotia Duck Tolling Retriever oder braunen Labrador Retriever. Hunde mit blauen Augen sind in der Regel auch lichtempfindlicher. Dieses Zukneifen der Augen hat dann also nichts mit Kommunikation zu tun, sondern ist ein Schutzmechanismus bei heller Sonneneinstrahlung.

In dem Fall ist das Zusammenkneifen der Augen kein Beschwichtigungssignal, sondern einfach eine Reaktion auf helle Sonneneinstrahlung.

Das Abbrechen des Blickkontakts zu seinem Gegenüber ist ein wichtiges Ausdrucksmittel für Hunde. Bei der innerartlichen Kommunikation ist es für die Bewältigung von entstehenden Spannungen und Konflikten sehr wichtig. Aber auch gegenüber einem Menschen versucht ein Hund, Konflikte zu vermeiden, indem er den Blick abwendet.

Bei älteren Hunden müssen große Pupillen nicht automatisch Stress bedeuten, das kann auch auf krankhafte Veränderungen des Auges zurückzuführen sein.

Wird der Blick direkt auf einen anderen Hund gerichtet, ist dies ein Zeichen von Dominanz oder Drohung. Der friedfertige oder unterwürfige Hund wird seinen Blick abwenden, um damit den Artgenossen zu beschwichtigen.

Bei diesen beiden Rüden zeigt der Fox Terrier durch das Abwenden, dass er friedlich gestimmt ist und keine Konfrontation möchte.

Auch ein starrer Blick von einem Menschen kann einen Hund verunsichern. Besteht allerdings ein harmonisches Verhältnis zwischen Mensch und Hund, sucht der Hund auch gern von sich aus den Blickkontakt, um seine Zuneigung auszudrücken oder Aufmerksamkeit zu erhalten. Daher ist die Aussage, man dürfe einem Hund nicht in die Augen sehen, um ihn nicht zu provozieren, nicht immer zutreffend. Es hängt von der Situation und vor allem von der Beziehung zwischen Mensch und Hund ab.

!

Bei Mensch und Hund gleich
Eine Gemeinsamkeit im Verhaltensrepertoire von Menschen und Hunden sehe ich darin, dass beide Arten bei einer unangenehmen Begegnung mit Artgenossen dem Blick des anderen ausweichen wollen. Uns Menschen wird zwar anerzogen, unsere Mitmenschen bei Begegnungen und Begrüßungen anzusehen, da ein Abwenden des Blicks als unhöflich oder als Zeichen von Schwäche angesehen wird. Es wird aber jeder Mensch feststellen, dass er manchmal nicht dazu in der Lage ist, sondern den Blick abwendet oder sich dazu zwingen muss, in bestimmten Situationen anderen Menschen in die Augen zu sehen.

Bei seelisch gefestigten Hunden, die keine schlechten Erfahrungen gemacht haben, sowie bei den eigenen Hunden, die gut sozialisiert wurden, ist der direkte Augenkontakt in der Regel kein Problem. Denn durch die Jahrtausende, die die Spezies Hund schon mit dem Menschen zusammenlebt, haben die Vierbeiner selbstverständlich auch gelernt, dass für uns Menschen das Sehen die wichtigste Sinneswahrnehmung ist, und haben sich daran angepasst. Die Folge davon ist, dass auch sie genau an unserem Gesicht und unserem Blick ablesen können, wie unsere Stimmung ist oder was wir möchten. Somit spielt der Sichtkontakt für den Hund vielleicht doch eine wichtigere und bedeutendere Rolle als bisher angenommen.

Dieser Schlittenhund hat durch seine Gesichtszeichnung und die blauen Augen ein sehr ausdruckstarkes Gesicht.

Ich denke, dass besonders auf der emotionalen Ebene die Augen unserer Hunde einen extrem wichtigen Stellenwert einnehmen. Ein inniger Blick seines Hundes kann für einen Menschen große Bedeutung haben. Viele Hunde können dieses Mittel sehr gut nutzen und haben bald herausgefunden, dass sie dadurch Einfluss auf uns Menschen nehmen können.

Hunde setzen dieses Mittel vor allem ein, wenn sie Zuneigung oder Futter erwarten. Dafür muss jedoch eine besondere Sympathie und Vertrautheit von beiden Seiten vorhanden sein.

Besonders gut wirkt diese Methode bei denjenigen Hunden, bei denen die Augen und Augenbrauen durch eine hellere Zeichnung betont werden. Bei einigen Rassen wird diese Zeichnung „Vieräugl" genannt. Die helleren Bereiche oberhalb der Augen unterstützen die eigentliche Augenbewegung besonders, ohne dass der Hund mit dem restlichen Gesicht oder Körper auch nur ansatzweise zuckt. Auf diese Weise kann der Hund zum Beispiel beim Betteln vom Tisch abwechselnd das Essen auf dem Teller und den Bissen beim Heranführen mit der Gabel in den Mund seines Menschen fixieren in der Hoffnung, dass für ihn etwas abfällt. Durch die minimale Bewegung der Augenbrauen wird dieser Blick häufig so betont, dass man ihm nur schwer widerstehen kann. Es sieht dann aus, als wolle der Hund das Essen (oder seinen Menschen) hypnotisieren – und häufig erzielt er mit diesem Blick auch einen Erfolg, nämlich einen leckeren Happen.

Hunde mit solch einer hellen Zeichnung oberhalb der Augen werden als „Vieräugel" bezeichnet.

Ohren

Obwohl es bei Hunden rasseabhängig die unterschiedlichsten Ohrformen, -größen und -stellungen gibt, sind die Ohren für alle Hunde ein wichtiger Bestandteil der mimischen Ausdrucksweise. Vom Stehohr bis zum komplett herabhängenden „Schlappohr" gibt es in der Hundewelt sämtliche Zwischenformen. Und es gibt sogar Hunde, bei denen die beiden Ohren immer zwei unterschiedliche Positionen haben.

Die unterschiedliche Stellung der Ohren kann verschiedene Gründe haben. Entweder wird die Aufmerksamkeit des Hundes von Geräuschen im Hintergrund erregt (a) oder der Hund hat ein angeborenes Kippohr (b).

Die Muskeln am Ohransatz regeln die Stellung der Ohren, die bei Hunden mit Stehohren am besten zu erkennen ist. Ein Hund mit Stehohren kann allein durch seine Ohrenhaltung ganz viele verschiedene Stimmungen ausdrücken. Von steil nach vorn gestellt bis fest an den Kopf angelegt, sodass sich die Spitzen hinten sogar berühren können, sind unzählige unterschiedliche Ohrenstellungen möglich. Dabei

!

Ohren spitzen

Hundeohren werden durch 17 verschiedene Muskeln in alle möglichen Richtungen bewegt. Somit ist ein Hund in der Lage, aus den unterschiedlichsten Richtungen kommende Töne möglichst genau aufzufangen. Also muss die Bewegung der Hundeohren nicht immer ein Teil seiner mimischen Ausdrucksweise sein, sondern kann auch einfach dazu dienen, die Quelle für ein bestimmtes akustisches Signal auszumachen. Legt also ein Hund plötzlich eines seiner Ohren an, muss es nicht bedeuten, dass er droht oder Angst hat, sondern vielleicht muss er gerade in dem Moment eine Geräuschquelle von hinten orten.

kann der Hund beide Ohren entweder synchron bewegen oder relativ unabhängig voneinander. Oft ist ein Ohr angelegt, zum Beispiel auf der Seite, auf der sich eine Person oder ein anderer Hund befindet, während das andere Ohr gespitzt wird und sich auf den Rest der Umwelt konzentriert. Oder ein Hund verfolgt verschiedene Geräusche und hat seine Ohren unterschiedlich ausgerichtet.

Ein komplettes Anlegen der Ohren hat in der Regel mit Unterwürfigkeit und Verunsicherung des Hundes zu tun. In dem Fall sind die Ohren kaum mehr zu erkennen. Dadurch erscheint der Hund kleiner und demonstriert so seine Unterwürfigkeit. Außerdem bieten extrem angelegte Ohren möglichst wenig Angriffsfläche – eine natürlich Schutzmaßnahme für einen möglichen Kampf. Steif nach vorn gerichtete Ohren drücken dagegen Aufmerksamkeit aus, können aber auch ein Zeichen für Dominanzverhalten sein.

Bei Hunden mit Hängeohren erfolgt die Bewegung dagegen nur am Ohransatz, da das restliche Ohr von seinem Eigengewicht nach unten gezogen wird. Der aufmerksame und interessierte Hund richtet natürlich seine Ohren auf. Die Muskeln am Ohransatz ziehen dabei das Ohr nach vorn. Bei Hunden mit sehr langen Behängen, die nicht aufgestellt werden können, sind die Ohren dann bei höchster Aufmerksamkeit wie ein „Elefantenohr“ seitlich abgespreizt. Auch kann ein Hund mit Hängeohren diese nichts komplett nach hinten legen, so wie es ein Hund mit Stehohren kann, sondern nur ansatzweise abhängig von der Größe und Länge.

Wenn Hunde mit Hängeohren ganz konzentriert etwas fixieren, zeigen sie die sogenannten „Elefantenohren“.

Zähne, Mund und Lefzen

Die Lefzenstellung und vor allem die Form der Mundwinkel drücken auch sehr viel über den Gemütszustand des Hundes aus.

- Kurze runde Mundwinkel bedeuten Offensivität und Drohen.
- Lange nach hinten gezogene Mundwinkel bedeuten Defensivität und Unsicherheit.

!

Zähnezeigen reicht
Die gefährlichste Waffe eines Hundes sind seine Zähne. Mit seiner enormen Beißkraft kann er locker einem Artgenossen, einem anderen Tier oder einem Menschen eine Verletzung zufügen. Dennoch setzen Hunde wie auch ihre wilden Vorfahren als sehr sozial lebende Tiere nur selten ihre Waffen ein, es sei denn, sie müssen sich und ihr Rudel verteidigen oder Nahrung erbeuten. Es macht aber keinen Sinn, gegenüber Artgenossen des eigenen Rudels ständig seine Zähne einzusetzen, um die Hierarchie zu erhalten, da jeder Kampf und jede Verletzung die Tiere schwächt und somit für das ganze Rudel von Nachteil wäre. Darum haben Hunde gelernt, das bloße Zurschaustellen der Zähne in verschiedenen Situationen einzusetzen, um die Rangordnung im Rudel wiederherzustellen oder zu festigen, ohne einen Artgenossen zu verletzten. Das richtige Verstehen dieses „Zähnezeigens" muss aber erst einmal erlernt werden – eine der wichtigsten Lektionen für Welpen und Junghunde.

Ist ein Hund freundlich gestimmt, wird er immer versuchen, seine besonders gefährlichen Waffen – die langen Fangzähne – mit den Lippen zu verdecken. Das kann man gut beobachten, wenn zwei Hunde, die sich kennen und befreundet sind, miteinander spielen. Dabei reißen sie oft das Maul weit auf und führen angedeutete Beißhandlungen aus. Beim genaueren Beobachten erkennt man aber, dass die Zähne dabei oft von den Lippen bedeckt bleiben. Außerdem wird in einem spielerischen Kampf auch nie ernsthaft zugebissen.

Dieser Hund fühlt sich wohl und zeigt dabei zwar seine Zähne, stellt aber nicht die gefährlichen Fangzähne zur Schau.

Allerdings gibt es immer wieder Situationen, vor allem bei jungen Hunden, in denen das Spiel plötzlich in einen ernsten Kampf übergehen kann. In diesem Fall sollte der Mensch sofort eingreifen. Neigt ein Hund zu diesem Verhalten, mangelt es noch am richtigen Sozialverhalten. Im Idealfall wird dann das Spiel rechtzeitig vorher unterbrochen, damit es erst gar nicht zu so einer Situation kommt. Allerdings muss der Hund die Gelegenheit bekommen, durch entsprechenden Sozialkontakt das richtige Verhalten zu lernen, ansonsten könnte man ihn auch in Zukunft nie mit Artgenossen spielen lassen.

Bei offener Aggressivität droht der Hund seinem Gegenüber einen möglichen Angriff an, wobei er die Zähne bewusst entblößt, indem er die Haut über der Nase zusammenzieht. Bei Bedarf kann dann die Nase unterschiedlich stark gerunzelt werden. Zu einem vollendeten Zähnefletschen gehört auch ein eindrucksvolles Runzeln des Nasenrückens. Meistens wird dieses Verhalten auch noch von einem drohenden Knurren begleitet.

Hier zeigt der Hund eindeutig eine offene Aggressivität und hätte vielleicht auch angegriffen, wenn der Artgenosse nicht zurückgewichen wäre.

Ein ähnliches Entblößen der Zähne mit gleichzeitig ausgeführten Beißbewegungen in die Luft und typischen Unterwerfungsgesten wie Einziehen der Rute, Schiefhalten des Kopfes und welpenähnliche Lautäußerungen zeigen Hunde, die einem Artgenossen begegnen, der sie durch seine imposante Erscheinung und Größe einschüchtert. Damit wollen sie den in ihren Augen gefährlichen Artgenossen von einem Angriff abhalten und milde stimmen.

Es gibt noch eine weitere Ausdrucksform, bei der das Entblößen der Zähne eine Rolle spielt: das Lächeln. Allerdings können nicht alle Hunde lächeln, da diese Fähigkeit auch von der Kopf- und Schnauzenform sowie von der Möglichkeit, Lippen und Lefzen zu bewegen, abhängt. Hunde mit extrem kurzer Schnauze (brachycephal) können zum Beispiel die Lippen nicht entsprechend bewegen. Um die Lippen zum Lächeln nach oben zu ziehen, muss der Hund auch seinen Nasenrücken runzeln. Rassen mit extrem kurzer Schnauze oder ohnehin faltigem Gesicht können das oft nicht. Beim Lächeln werden meistens nur die vorderen Zähne gezeigt. Die gefährlichen Fang- und Reißzähne bleiben in der Regel verdeckt. Das Lächeln kann zum Beispiel häufig bei Dalmatinern beziehungsweise bei Hunden, die eine ähnliche Kopfform haben, beobachtet werden.

Das Lächeln ist höchstwahrscheinlich eine Folge der Domestikation des Hundes und seiner Anpassung an uns Menschen. Hunde, die eine starke Bindung zu Menschen aufgebaut haben und deren Verhalten und Mimik genau studieren, um mit ihnen richtig kommunizieren zu können, haben erkannt, dass für die Zweibeiner das Lächeln eine sehr positive Art der Kommunikation ist, und reagieren genauso positiv, wenn sie angelächelt werden. (Nicht ohne Grund wird in Erziehungsbüchern immer darauf hingewiesen, dass ein freundlicher Blick und ein Lächeln auch eine positive Bestätigung für einen Hund ist.)

Auch wenn es für Außenstehende nicht so aussieht: Dieser Hund lächelt seinen Menschen an, erkennbar daran, dass er nur vorn die Lippen hochzieht.

Also kann es durchaus sein, dass mancher Hund ebenso seine Freude, Zuneigung oder manchmal auch Verlegenheit durch ein Lächeln zum Ausdruck bringen möchte. Man könnte sogar noch etwas weiter gehen und annehmen, dass dieses Lächeln eine Weiterentwicklung in der Evolution des Hundes ist und daher vor allem bei Rassen auftritt, die aufgrund ihrer Verwendung eine besonders enge Beziehung zu ihren Menschen haben und sich noch mehr an sie anpassen als Hunde, die mehr für selbstständige Arbeit gezüchtet wurden.

Fellstruktur im Gesicht

Wolfsähnliche Hunde haben durch die Zeichnung und Fellbeschaffenheit ein besonders ausdrucksstarkes Gesicht.

Die gesamte Gesichtsmimik kann durch eine entsprechende Zeichnung und Wuchsrichtung der Haare zusätzlich betont werden. Besonders gut ausgeprägt ist das beim Wolf. Die besondere Ausdrucksstärke seines Gesichts wird durch die Beschaffenheit des Fells im Kopfbereich und durch die Färbung noch unterstützt. Auch wenn der restliche Körper ein längeres und dichteres Fell besitzt, sind die Haare im Gesichtsbereich viel kürzer und feiner und scheinen durch ihre Wuchsrichtung die Augen betonen zu wollen.

Bei vielen Hunderassen mit ähnlicher Fellstruktur hat sich dies bis heute erhalten. Allerdings wird bei extrem langhaarigen Hunden häufig der Blick auf das Gesicht durch hinabhängende Kopfhaare verdeckt, sodass manchmal sogar die Augen nicht zu sehen sind. Solche Hunde können sich kaum durch Mimik verständigen, und auch uns Menschen fällt es schwer, deren Stimmung am Gesichtsausdruck ablesen zu können.

Die Ausdrucksfähigkeit des Gesichts wird außerdem durch die Fellfärbung verstärkt. Bei mehrfarbigen Hunden betont oft eine deutliche, meistens symmetrische Gesichtszeichnung die Augenpartie. Wird das Gesicht von helleren Fellpartien eingerahmt, wird die mimische Ausdrucksmöglichkeit zusätzlich unterstützt. Aber auch bei einfarbigen Hunden lassen sich solche Betonungen feststellen. Durch die verschiedenen Wuchsrichtungen der Haare im Gesicht reflektieren diese das Sonnenlicht in unterschiedliche Richtungen, wodurch ganz bestimmte optische Akzente erreicht werden.

Lautäußerungen

Jetzt wird's laut – nein, muss es nicht unweigerlich. Hunde haben zwischen Bellen und Stillsein viele Abstufungen der Lautäußerung und können auch nur sehr leise Laute von sich geben.

Hier eine Aufstellung der Vokalisationsmöglichkeiten beim Hund:

- Bellen
- Wuffen
- Heulen
- Schreien und Kreischen
- Jaulen, Winseln und Fiepen
- Knurren
- Seufzen und Schmatzen
- Niesen, Husten und Würgen

!

Gutes Hörvermögen
Auch wenn Hunde bekanntlich Nasentiere sind, so sind Lautäußerungen auch ein wichtiger Bestandteil der Kommunikation. Hunde haben ein viel besseres Gehör als wir Menschen, aber nicht von Geburt an, da anfangs die Gehörgänge noch verschlossen sind. Neugeborene können zwar schon laute Geräusche in unmittelbarer Umgebung wahrnehmen, aber erst in der 3. Lebenswoche wird der Gehörgang geöffnet und die vollständige Funktion des Hörorgans aufgenommen. Der Gehörsinn des Hundes nimmt Töne bis in den Ultraschallbereich wahr. Vermutlich hören Hunde alle Frequenzen zwischen 30 Hertz und 64 Kilohertz. Kleinere Hunde nehmen aufgrund ihrer Kopfform höhere Töne wahr als ihre größeren Artgenossen. Das Hundeohr ist auch so aufgebaut, dass es wesentlich leisere Geräusche hört als das menschliche Ohr. Daher reicht es vollkommen aus, wenn man leise mit dem Hund spricht. Schon vom Welpenalter an sollte man im Umgang mit dem Vierbeiner und bei seiner Ausbildung auf laute Kommandos verzichten. Im hohen Alter lässt die Hörleistung allerdings nach und kann bis zu völliger Taubheit führen.

Bellen

Das Bellen ist sicherlich die für Hunde typische Lautäußerung. Bei dem Wort Bellen denkt jeder sofort an einen Hund. Wölfe benutzen dagegen laut Wissenschaft diese Form der Lautäußerung bis auf ein reduziertes Wuffen nicht. Dass das nicht immer stimmen muss, habe ich im Wolfspark in Merzig erlebt, wo ein Polarwolf eindeutig ein eher hundeartiges Bellen mit Heultönen gemischt gezeigt hat. Zeigen einzelne Wölfe nun doch Ansätze von Bellen oder hat sich der Wolf hier an den zahlreichen dort vorbeigehenden Besucherhunden orientiert? Man kann sich die Frage stellen, ob sich das Bellen im Laufe der Haustierwerdung exklusiv für den Menschen entwickelt hat. Hat der Mensch bellfreudige Hunde bevorzugt und somit zur Verstärkung dieser Lautäußerung beigetragen?

Bellen ist Bestandteil vieler Einsatzgebiete unserer Hunde:

- Es gibt den Spurlaut oder das Totverbellen bei der Jagd. Hier wurde bei verschiedenen Rassen züchterisch die Bellfreude und die Art des Bellens geformt.
- Das Bellen kann auch Teil der Hütearbeit sein. Zum Beispiel wurde in Neuseeland für große Schafmengen in teilweise unzugänglichen Gebieten ein Hundetyp mit Namen Huntaway entwickelt. Durch die Mischung aus verschiedenen Hüte- und Treibhundrassen und der Beimischung von Jagdhunden wurde ein Typ Hund geschaffen, der mit viel Ausdauer und Bellfreude lange arbeiten kann.
- Bellen dient zu Bewachungszwecken von Tieren, Menschen oder Objekten.
- Bellen bei Diensthunden kann zum Anzeigen, zum Einschüchtern, zum Warnen oder zum Bewachen sein.
- Bellen ist Teil der Rettungshundearbeit, wenn zum Beispiel eine Person gefunden wurde und vom Hund angezeigt wird.

Und es gibt sicherlich noch viele weitere sinnvolle Einsatzmöglichkeiten.

Bellen ist nicht gleich bellen. Hunde beherrschen unzählige Varianten. Dann kommt noch dazu, dass es bei den verschiedenen Rassen große Unterscheide in der Intensität des Bellens gibt. Besitzer dieser Rassen mögen es mir verzeihen, aber ich habe, um nur einige Beispiele zu nennen, bei Appenzeller Sennenhunden und bei Shelties schon häufig extrem bellfreudige Vertreter erlebt, die lange Phasen des Dauerbellens im Tagesablauf hatten. Ein Beagle ist mir bei dem Thema auch in ziemlich unangenehmer Erinnerung geblieben. Interessanterweise scheint hier bei einigen Hundebesitzern eine Desensibilisierung in dem Ausmaß stattgefunden zu haben, dass sie sich völlig ungerührt neben dem dauerbellenden Hund aufhalten und es gar nicht mehr zu registrieren scheinen.

Es gibt auch Meinungen von Hundebesitzern, dass man Hunden das Bellen nicht untersagen dürfe, um ihre Lebensqualität nicht einzuschränken, da es ja eine natürliche Lautäußerung ist. Da muss ich im Namen der Allgemeinheit und vor allem der Nichthundehalter widersprechen. Wenn sich diese Hundebesitzer mit ihrem Hund irgendwo aufhalten, wo keine Mitmenschen es hören und gestört werden, mag es ihnen gegönnt sein. Wenn sie sich aber in der Öffentlichkeit unter Menschen bewegen, bin ich der Meinung, dass hier Dauerbellen vermieden werden muss und der Hund in diesem Bereich kontrolliert werden sollte. Denn man kann ihm durchaus begreiflich machen, wann Bellen erlaubt und wann es unerwünscht ist.

Auch innerhalb der einzelnen Hunderassen gibt es individuell nochmals große Unterschiede. Ob diese genetischer Natur sind oder ob der eine Hundebesitzer hier mehr regulierend eingegriffen hat als der andere, wird sich uns wahrscheinlich nicht komplett offenbaren.

Interessanterweise können die meisten Menschen auch, wenn sie einen Hund nicht direkt sehen, also keine Information über die Körpersprache des Hundes haben, ziemlich gut rein aus den akustischen Informationen die Stimmungslage und Intention heraushören. Wir Menschen sind also in der Lage, die Stimmung eines Hundes am Bellen zu erkennen,

Welche unterschiedlichen Bedeutungen des Bellens differenzieren wir?

- Aufmerksamkeit erregen
- Warnen
- Bewachen
- Drohen
- Spielaufforderung
- Aufregung
- Stress
- Angst
- Hetzlaut bei der Jagd
- Isolation
- Langeweile
- Eifersucht

Diese Liste erhebt keinen Anspruch auf Vollständigkeit. Bestimmt fällt jedem von Ihnen noch ein zusätzlicher Grund ein, weshalb Ihr Hund bellt. Beim Bellen hat jeder Hund, wie auch ein Mensch beim Reden, eine individuelle Stimme. Besitzer mehrerer Hunde können in der Regel jeden Hund nur am Bellen erkennen. Dann gibt es trotzdem bei jedem Hund noch unterschiedliche Tonlagen und Arten, in denen er bellen kann:

- Hohe Stimmlage
- Tiefe Stimmlage
- Kurzer Bellton
- Langer Bellton
- Lautes Bellen
- Leises Bellen
- Nach ausgiebigem Bellen auch mal heiseres Bellen

Das Bellen kann ganz unterschiedliche Gründe haben wie das Auffordern zum Spiel (a) oder das Bewachen des Grundstücks (b).

Im Folgenden werden die verschiedenen Bellweisen kurz vorgestellt und charakterisiert.

Aufmerksamkeitsbellen

Dies erfolgt meist in einer hohen und fordernden Tonlage. Wenn möglich, wird Blickkontakt zum Menschen gesucht. Es gibt immer wieder Pausen, in denen der Mensch beobachtet wird, um festzustellen, ob schon eine Reaktion eintritt. Diese Art des Bellens wird teilweise absichtlich oder auch unabsichtlich vom Besitzer gefördert und deshalb dann vom Hund mit häufigen Wiederholungen gezeigt.

Bewachungsbellen

Dieses Bellen kann monoton sein. Man hört es oft bei Hunden, die den größten Teil des Lebens in Zwinger- oder Kettenhaltung verbringen müssen. Es kann sich auch – je nach Störung durch andere Hunde oder Menschen – in ein heftiges Bellen mit Knurrlauten steigern.

Hierbei ist unklar, ob die Hunde sich mitteilen möchten, ob sie einfach regelmäßig ihre Anwesenheit kundtun wollen oder ob sie sich sogar einsam, gelangweilt oder unterfordert fühlen und es damit zum Ausdruck bringen möchten. Sicherlich kommt dieses Verhalten aber vor allem bei Hunden vor, die einen großen Teil des Tages sich selbst überlassen werden, kaum eine enge Beziehung zu Menschen haben und weder geistig noch körperlich gefordert und ausgelastet sind.

Diese Art Bellen ist oft mit Territorialverhalten gekoppelt. Bei einem Urlaub in Ungarn auf dem Land vor Jahren stellte ich fest, dass dort fast jeder Hof einen Hund hielt. Die meisten Hunde waren angebunden oder eingesperrt, die Hunde bellten fast die ganze Nacht und es ging wie in Wellen Dorf auf und Dorf ab. Auf meine Frage, warum jeder einen Hund zu diesem Zweck hielt, wurde angegeben, dass bei Höfen, die keinen Hund hätten, öfter eingebrochen und gestohlen würde. Das Bellen würde abschrecken. Wie man bei meist grundlosem Dauerbellen heraushören soll, ob nun tatsächlich Gefahr im Verzug ist oder der Hund einfach so mal wieder die halbe Nacht bellt, entzieht sich meiner Kenntnis. Es wird wohl am Ton des Bellens erkannt werden.

Warnendes Bellen

Dieses Bellen wird öfter wiederholt und hat einen tieferen und dadurch warnenden Tonfall. Die einzelnen Belllaute sind eher kurz. Dieses Bellen sollte man bei fremden Hunden erkennen und diese dann nicht weiter provozieren, sondern sich lieber zurückziehen und außerhalb des Gefahrenbereichs aufhalten.

Drohendes Bellen

Diese Art des Bellens folgt oft nach dem warnenden Bellen. Typisch ist eine tiefe Tonlage und bei starker Belastung oft verbunden mit gurgelnden

Geräuschen. Hier gilt nicht mehr das Sprichwort: Hunde, die bellen, beißen nicht! Als Fremder sollte man den Rückzug antreten und dem Hund keinen Grund geben, sein Verhalten zu steigern. Viele Hunde stellen ganz kurz vor einem Angriff das Bellen ein.

Bellen als Spielaufforderung
Ein hohes bis schrilles, forderndes Bellen mit sehr kurzen Einzelbellern wird gegenüber Hunden und Menschen gezeigt, die zum Spielen aufgefordert werden sollen. Es ist auch oft eine kurze Einleitung für ein Spiel, das dann ohne Bellen weitergeht. Geht aber kein Spielpartner auf die Aufforderung ein, kann es auch monoton und nervend werden.

Bellen aus Aufregung und zum Stressabbau
Bellen durch Stress erkennt man meistens an einer hohen, schrillen Tonlage. Es sind schnelle Beller mit wenigen Bellpausen, die sehr ausdauernd gezeigt werden können, wenn nicht unterbrochen wird. Dieses Bellen kann auch einen selbstbestätigenden Effekt haben.

Bellen aus Angst
Aus Angst bellen Hunde oft, wenn sie verfolgt oder bedrängt werden. Es fängt an mit einem schnell aufeinanderfolgenden Bellen, das immer schriller wird, und ist häufig mit Rückzugs- und Fluchtverhalten gekoppelt. Es kann bei zunehmender Belastung schnell in panische Lautäußerungen wie Schreien übergehen.

Bellen als Hetzlaut
Dieses Bellen hat je nach Rasse eine ganz unterschiedliche Klangfarbe. Bei den meisten Hunden sind es schrille und langgezogene Belllaute, die über einen längeren Zeitraum des Verfolgens gezeigt werden. Bei einigen Jagdhunderassen sind sie tiefer und melodischer. In der Jägersprache wird es dann auch als „Geläut" bezeichnet. Besonders bekannt ist das „glockenhelle" Bellen beim Beagle, wegen dem er als die Hunderasse mit der schönsten Stimme bezeichnet wird.

Der Beagle soll ein besonders melodisches „Geläut" haben, wie es in der Jägersprache heißt.

Bellen infolge von Isolation oder Langeweile
Dieses Bellen ist sehr monoton und langanhaltend und kann in Heulen übergehen oder mit Heulen vermischt sein. Es drückt tatsächlich oft die Verzweiflung aus und kann klagend klingen.

Wuffen

Hier klingt die Bezeichnung fast so wie der damit verbunden Laut. Wuffen ist wie ein leicht hustendes, herausgepresstes, ganz kurzes Bellen. Es ist ebenfalls mit Territorialverhalten verknüpft und geht oft dem eigentlichen Bellen voraus. Wuffen soll die anderen Hunde oder auch Menschen, die zur Gemeinschaft gehören, warnen und versetzt den Hund in eine gewisse Alarmbereitschaft und Aufregung. Wuffen wird oft durch Geräusche ausgelöst, die der Hund nicht zuordnen kann, seltener durch optische Reize, denn diese veranlassen den Hund eher zum Knurren oder sofortigem Bellen. Wuffen ist in der Regel deutlich schwerer zu kontrollieren als Bellen. Versuche, in dem Moment Einfluss auf den Hund zu nehmen und es zu untersagen, können das Verhalten noch verstärken. Besser wäre es, man kann dem Hund zeigen, dass die Ursache harmlos ist und er es einstellt, weil er wieder sicherer und gelassener wird. Wuffen ist auch oft Bestandteil von Lautäußerungen, wenn Hunde träumen.

Wenn Hunde träumen, hört man sie auch öfter wuffen.

Heulen

Heulen ist eigentlich für uns Menschen die typische Lautäußerung eines Wolfes. Wölfe zeigen es als Chorheulen, was den Zusammenhalt unter den Rudelmitgliedern festigt, und auch als Trennungsheulen bei Einsamkeit, um Artgenossen herbeizurufen. Außerdem kann das Heulen bei Wölfen auch dazu dienen, das Revier auf akustischem Weg zu markieren.

Hunde beherrschen die Kunst des Heulens unterschiedlich gut, aber nicht in der Perfektion und Klangfülle wie Wölfe. Sirenen und Martinshörner lösen bei vielen Hunden das sogenannte Chorheulen aus, bei manchen Hunden wirkt auch menschlicher Gesang oder das Spielen eines Musikinstrumentes als Auslöser.

Seltsamerweise hatte eine CD mit Wolfsgeheul, die ich mir gekauft hatte, bei keinem meiner Hunde Heulen ausgelöst. Als ich einen Tschechoslowakischen Wolfhund zur Pflege hatte, dachte ich, dass der sich doch mit der CD animieren lassen müsste. Das war aber auch Fehlanzeige. Als ich mit meinen damaligen Hunden und ein anderes Mal mit zwei Tschechoslowakischen Wolfhunden im Wolfspark in Merzig war, stimmten sie auch nicht in das Heulen der dortigen Wölfe ein. Andere Besucher berichteten dagegen, dass sie schon Hunde gesehen hätten, die mitgeheult hätten. Somit ist nicht genau klar, warum sich manche Hunde zum Mitheulen animieren lassen und andere nicht.

Was eine große Anzahl an Hunden zum Heulen bringt, ist das Gefühl der Einsamkeit und des Verlassenseins. Ich habe es bei zwei meiner bisherigen Hunde gehört. Welpen können oft noch sehr ausgiebig heulen, wenn auch nicht immer sehr melodisch.

Schon Welpen können heulen, vor allem wenn sie sich einsam fühlen.

Schreien und Kreischen

Hunde schreien aus verschiedenen Gründen. Zum einen können sie aufgrund eines Schmerzes oder Schrecks schreien. Ein Schmerzensschrei ist ein langer, hoher Ton, der einem durch Mark und Bein geht. Ein schreiender Hund kann manchmal bei einem anderen Hund einen Angriff auslösen. Das wiederum kann dann bei anderen Hunden ansteckend wirken und es stürzen sich mehrere Hunde auf den schreienden Hund. In solchen Situationen sollte man eingreifen und die Hunde trennen.

Dieses Verhalten habe ich schon beim Zusammentreffen von mehreren Wurfgeschwistern im Alter von etwa viereinhalb Monaten erlebt, wobei dem „Opferwelpen" tatsächlich Verletzungen zugefügt wurden. Die angreifenden Tiere schienen wie in einem Rausch zu sein und waren nur schwer zu beruhigen.

Wird ein Welpe sehr streng von einem erwachsenen Hund gemaßregelt, kann es auch sein, dass er schreit.

Dann können Hunde auch regelrecht schreien und kreischen, wenn sie in einer hohen Trieblage sind, aber diesem Trieb in dem Moment nicht nachgehen können. Eine mögliche Situation ist zum Beispiel, wenn ein Hund mit großer Jagdpassion Wild davonrennen sieht und durch eine Leine oder einen Zaun zurückgehalten wird. Oder ein Hund sieht, wie andere Hunde wild jagen oder miteinander spielen, und kann sich nicht beteiligen, weil er zurückgehalten wird. Es gibt auch Hunde, die durch Spielzeug so in Aufregung geraten, dass sie schon beim Anblick zu kreischen anfangen. Hunde können auch so reagieren, wenn man sie festhält und der Besitzer wegläuft.

Jaulen, Winseln und Fiepen

Diese Art der Vokalisation drückt in der Regel eine eher negative Stimmungslage aus. Die Lautstärke kann von leisem Winseln und Fiepen bis zu lautem Jaulen variieren.

Der Hund kann dadurch zum Beispiel ausdrücken, dass er Hunger hat, hinaus möchte oder sich sonst irgendwie unwohl fühlt. Rüden, die die Anwesenheit und den Geruch von einer läufigen Hündin spüren, können ausgiebig Jaulen und Winseln. Träumende Hunde geben oft auch winselnde oder jaulende Laute von sich, oft in Kombination mit angedeuteten Laufbewegungen der Gliedmaßen. Jeder von uns hat sich bestimmt schon gefragt, was sein Hund wohl gerade träumt, wenn man ihn bei solchen Aktionen beobachtet.

!

Wenn Hunde träumen

Hunde können wie viele andere Tiere und wie wir Menschen auch sehr intensiv träumen. Mit dem Träumen wird Erlebtes und Gelerntes besser verarbeitet. In der Regel träumen junge Hunde mehr und intensiver als ältere Hunde, vermutlich um einfach die vielen neuen Eindrücke des Lebens zu verarbeiten. Auch Hunde, die Stress ausgesetzt sind, träumen häufiger als ausgeglichene Hunde.
Wie bei uns gibt es auch bei Hunden die sogenannte REM-Phase (REM = rapid eye movement), bei der schnelle Augenbewegungen unter den meist leicht geöffneten Augenlidern zu erkennen sind. Kombiniert sind diese Augenbewegungen oft mit leisem Knurren, Winseln oder Wuffen und leichten, zuckenden Bewegungen der Beine, der Lefzen und manchmal sogar der Rute. In dieser Phase, die relativ kurz ist, werden Eindrücke und Erinnerungen besonders intensiv im Gehirn verarbeitet. In Extremfällen steht der Hund sogar im Schlaf auf und läuft los, wodurch er in der Regel aufwacht und für einen kurzen Moment völlig orientierungslos ist.

Bellen, Winseln und Fiepen können bei Hunden ebenso als gemischte Lautäußerung auftreten. Es gibt auch Hunde, die bei der Begrüßung von Menschen winselnde Laute von sich geben, was nicht zwangsläufig als negativ anzusehen ist, sondern der Bestandteil von Lautäußerungen ist, die der Unterwerfung oder Beschwichtigung dienen.

Knurren

Hunde können in verschiedenen Tonlagen, Lautstärken und unterschiedlicher Intensität knurren. Grundsätzlich kann man sagen, dass Knurren bei der Kommunikation mit aggressivem Hintergrund eingesetzt wird. Da das Aggressionslevel dabei von unterschiedlicher Intension sein kann, bedeutet es aber nicht, dass ein Hund, der knurrt, sofort beißt oder angreift. Knurren muss immer im Kontext gesehen werden.

Gegenüber Menschen hat Knurren oft eine warnende Funktion oder der Hund ist verunsichert und möchte durch Knurren distanzvergrößernde Signale geben. Allgemein wird Knurren jedoch in der Kommunikation mit dem Menschen grundsätzlich als eher unerwünscht und unangemessen angesehen. Viele Hunde benutzen diese Kommunikationsform als Ausdruck von Aggression Menschen gegenüber aber gar nicht, sondern in der Regel nur gegenüber Artgenossen.

Ein leichtes Knurren gehört auch oft zu einem Zerrspiel und ist nicht unbedingt ein Zeichen für Aggression.

Sollte ein Hund im Zusammenleben mit seinem Menschen diesen jedoch häufiger anknurren, bestehen in der Beziehung und Kommunikation sicherlich Probleme und Missverständnisse. Ein leichtes Knurren zum Beispiel bei einem Zerrspiel mit einem Hund ist sicherlich ein ritualisierter Ablauf und drückt nicht unbedingt Aggression aus. Solange der Hund das Spielzeug auf Anweisung unter Einstellen des Knurrens wieder hergibt, muss man sich keine Sorgen machen.

Zu einem Hund, der knurrt und Rückwärtstendenz zeigt, sollte man auf keinen Fall die Distanz verringern, sondern ihm mehr Freiraum geben. Man sollte in jedem Fall herausfinden, wodurch dieses Verhalten hervorgerufen wird. Denn ein Hund, der unsicher ist, sich bedroht fühlt oder Angst hat, knurrt, um damit auszudrücken „Lass mich in Ruhe!“ oder „Ich traue dir nicht!“. Dabei wird er wahrscheinlich die Ohren zurücklegen und den Kopf leicht abwenden. Ihn dann zu bestrafen, wäre sinnlos und würde auch keine Lösung erzielen. Vielmehr sollte man zunächst richtig reagieren, indem man den Hund nicht weiter bedrängt und ihn in Ruhe lässt.

Es ist dann unsere Aufgabe herauszufinden, warum der Hund diese Unsicherheit zeigt. Um diese Unsicherheit abzubauen, sollte man versuchen, dem Hund durch leises, ruhiges Zureden ein Gefühl der Sicherheit zu vermitteln. Dabei kann auch das Ablenken durch Spielzeug, einen Leckerbissen oder eine Gehorsamsübung die Situation entspannen.

Systematisches Üben, Wiederholen der Situation und Belohnen von korrektem Verhalten sind dann die weiteren Schritte.

Wird das Knurren ignoriert und der Hund weiterhin bedrängt, kann er vielleicht – je nach Charakter und Höhe seiner Reizschwelle – unter

Umständen als nächste Abwehrreaktion zubeißen, da es für ihn unverständlich ist, dass der Mensch seine Warnung ignoriert hat.

Dieser Hund knurrt und fletscht die Zähne, um sein Revier – in dem Fall das Auto von seinem Menschen – zu verteidigen.

Ernst wird es in der Regel, wenn Hunde ein eher gurgelndes Knurren mit körpersprachlicher Vorwärtstendenz und vielleicht sogar Aufstellen der Rückenhaare zeigen. Dann ist sicherlich Vorsicht geboten und man sollte sich ernsthafte Gedanken über seine Stellung gegenüber dem Hund machen. Denn in dem Fall ist das Knurren kein Zeichen mehr für Unsicherheit oder Angst, sondern eher für Aggression, wobei die Position des Menschen als Rudelführer ganz klar infrage gestellt wird. Dies darf auf keinen Fall toleriert werden, egal wie klein oder groß der Hund ist. Besonders bei Eintreten der Geschlechtsreife und in den ersten Lebensjahren ist mit solch einem Verhalten zu rechnen, bei Rüden eher als bei Hündinnen. Sie als Rudelführer müssen dann souverän ihre Position behaupten, und zwar mit dominantem, sicherem Auftreten und Konsequenz.

Gegenüber von Artgenossen wird das Knurren relativ häufig eingesetzt, entweder um auch zu vermitteln „Lass mich in Ruhe“, weil der Hund Angst hat, oder wenn es um die Festlegung der Rangordnung oder der Verteidigung des eigenen Reviers geht. Das Knurren zwischen zwei Hunden beginnt häufig sehr leise, sodass es die Menschen oft gar nicht hören können. Erst, wenn keiner der Kontrahenten klein beigibt, wird das Knurren immer lauter und nimmt die Form einer echten Drohung an. Wenn dann immer noch keiner aufgibt und ausweicht, ist eine Rauferei vorprogrammiert.

Welpen können zwar schon sehr früh knurren, sie selbst müssen aber erst lernen, was es bedeutet, wenn ein älterer Hund sie anknurrt. Knurren kann genauso wie Wuffen auch durch ungewohnte Geräusche hervorgerufen werden, die der Hund nicht zuordnen kann und die ihn verunsichern oder zum Wachverhalten animieren. Knurren ist bei Hunden oft auch eine Vorstufe zum Bellen oder wird mit Bellen vermischt.

Nicht selten knurrt ein Hund auch einfach, weil er Schmerzen hat und er dieses Unbehagen nicht abstellen kann und sich daher unsicher fühlt. Sollte ein sonst friedlicher und ausgeglichener Hund plötzlich solche Wesensveränderungen zeigen, müssen als Ursache erst einmal Schmerzen und krankheitsbedingte Beschwerden in Betracht gezogen werden.

Ein wohliges Brummen, zum Beispiel wenn sich der Hund hinlegt, hat nichts mit dem Knurren zu tun, wird aber häufig von weniger erfahrenen Hundefreunden so gedeutet. Manche Hunde drücken durch dieses Brummen auch ihr Wohlbefinden aus, wenn man sie zum Beispiel krault.

Wenn sich ein Hund wohl fühlt, drückt er das auch oft durch ein wohliges Brummen aus.

Seufzen

Das oben erwähnte Brummen fällt wohl eher in den Bereich des Seufzens. Meist drückt Seufzen Wohlbefinden aus. Besonders wenn Hunde sich entspannt hinlegen oder auf unserem Schoß zusammenrollen, lassen sie ein deutliches Seufzen hören, wobei sie extrem langsam ausatmen. Meistens schlafen sie anschließend schnell ein.

Es kann aber auch eine Form der Kontaktaufnahme zum Menschen sein, wenn der Hund zum Beispiel in der Nähe liegt und darauf wartet, dass sein Mensch endlich aufsteht und das Futter zubereitet. Dabei fixiert er einen natürlich auch und setzt die entsprechende Miene auf, der man meistens nicht widerstehen kann. Er will sich also dezent bemerkbar machen.

Schmatzgeräusch

Dieses Geräusch ist oft zu hören, wenn der Hund etwas Leckeres sieht, das er verspeisen möchte. Ein Schmatzgeräusch geht meist mit einem Lecken über die Lippen einher, ist in diesem Zusammenhang aber nicht grundsätzlich als Beschwichtigungssignal zu sehen, was natürlich auch möglich ist. Es kann aber einfach auch nur die Gier nach Futter ausdrücken.

Dieses Schmatzen oder eine Art Schnattern hört man auch oft bei Rüden, die den Duft einer läufigen Hündin in die Nase bekommen haben und sich draußen ganz intensiv mit der Geruchsspur beschäftigen. Dieses Geräusch hat folgenden Grund: Um wichtige Duftstoffe mit dem zweiten Riechorgan, dem Jacobson'schen Organ (siehe auch Seite 81), aufzunehmen, werden diese regelrecht in die Mundhöhle eingesaugt. Verbunden mit einer rhythmischen Bewegung der Zunge und der Kiefer entsteht dieses

Das Lecken über die Schnauze muss nicht immer ein Beschwichtigungssignal, sondern kann auch ein Zeichen für die Vorfreude auf etwas besonders Leckeres sein.

schmatzende Geräusch. Durch diese Art der Aufnahme wird das Übertragen der Duftstoffe auf die Sinneszellen verstärkt.

Es gibt aber noch eine andere mögliche Ursache für dieses Schmatzen. Ein Hund, der akut einen Schmerz verspürt, der jedoch nicht so stark ist, dass er gleich winselt oder schreit, kann dies auch durch ein Schmatzgeräusch mit gleichzeitigem Lecken über seine Lefzen ausdrücken. Wenn er gleichzeitig noch einen unsicheren Blick mit aufgerissenen Augen und geweiteten Pupillen zeigt, ist es relativ sicher, dass er in diesem Moment Schmerz empfindet.

Wichtig!
Besonders bei Hunden, die schon eine altersbedingte Herzinsuffizienz (Herzschwäche) haben, tritt Husten häufig nachts oder morgens nach dem Schlafen auf. Durch die eingeschränkte Herztätigkeit sammelt sich besonders während des Schlafs Flüssigkeit in der Lunge, die dann erst einmal abgehustet werden muss. Das Verabreichen von Entwässerungstabletten einige Stunden vor dem Schlafengehen, damit sich der Hund vor dem Schlafen nochmal lösen kann, sorgt hier für Abhilfe und eine ruhigere Nacht.

Niesen, Husten, Würgen

Alle drei Lautäußerungen können ausdrücken, dass der Hund einen unangenehmen Geruch und/oder Geschmack wahrgenommen hat. Manche Hunde niesen auch, um Aufmerksamkeit zu erregen. Ein Wuffen als Warnlaut kann leicht mit Husten verwechselt werden. Zusätzlich kann Niesen, Husten und Würgen auch durch gesundheitliche Probleme wie Allergien oder Infekte im Nasen- oder Halsbereich hervorgerufen werden. Das ist in der Regel der Fall, wenn der Hund vermehrt niest, hustet und würgt. Das Husten hört sich dann trocken und heißer oder auch verschleimt an. Oft hat der Hund dann beim Niesen, Husten und Würgen schleimigen bis eitrigen Auswurf. Infektionen in diesem Bereich können sehr ansteckend sein. Daher sollte man seinen Hund dann getrennt von anderen Artgenossen halten.

Hunde mit sehr kurzem Fang weisen oft schon im Normalzustand röchelnde und würgende Geräusche beim Atmen auf. Starkes Ziehen an der Leine kann bei vielen Hunden auch zu Husten und Würgereiz führen.

Kommunikation durch Gerüche

In diesem Bereich sind uns Hunde ja haushoch überlegen. Aber abgesehen davon spielen auch bei uns Menschen Geruchsbotschaften eine erhebliche Rolle. Wir Menschen teilen gern in wohl riechende und übel riechende Gerüche ein. Eines ist aber sicher: Menschen und Hunde haben oft komplett unterschiedliche Vorstellungen davon, was gut und was schlecht riecht. Das fängt schon bei essbaren Dingen an. Sind wir uns beim Duft eines Brathähnchens vielleicht noch einig, dass wir das gern riechen – der Vegetarier mal ausgenommen –, so sieht es bei einem leicht angegammelten Stück Fleisch schon ganz anders aus. Hunde lieben diesen Geruch und wälzen sich sogar darin. Bei Menschen löst er mit ziemlicher Sicherheit Übelkeit aus.

Ohne die hervorragende Nasenleistung könnte ein Jagdhund gar nicht seine Arbeit verrichten.

!

Die Nasenleistung

Hunde sind Nasentiere. Der Geruchssinn spielt für sie sowohl bei der Wahrnehmung ihrer Umwelt sowie bei der Kommunikation eine übergeordnete, man kann sagen, die wichtigste Rolle. Im Vergleich zum Menschen, der „nur" etwa 10.000 verschiedene Gerüche unterscheiden kann, differenziert der Hund weit über 100.000. Im Gegensatz zu den nur fünf Millionen Riechzellen, die der Mensch besitzt, hat der Hund etwa 200 Millionen. Hunde können etwa eine halbe Million Mal besser riechen als der Mensch – kein Wunder also, dass sie so eine feine Nase haben.

Ein Rüde riecht eine läufige Hündin noch auf drei Kilometer Entfernung. Die Leistung von Rettungs-, Drogen- und Sprengstoffspürhunden oder von Mantrailinghunden basiert nur auf deren Geruchssinn. Und wie es zum Beispiel speziell ausgebildete Hunde schaffen, vom Boot aus in einem Gewässer die Leiche eines Menschen in etlichen Metern Tiefe zu entdecken, ist für uns nicht vorstellbar.

Duftspuren beim Spaziergang

Hunde verbringen einen großen Teil des Spaziergangs damit, sich über die verschiedenen Gerüche in der Umwelt zu informieren. Wichtige Geruchsbotschaften enthalten die Ausscheidungen anderer Hunde. Uns Menschen liegt an Gerüchen von Ausscheidungen jeglicher Menschen und Tiere extrem wenig, in der Regel vermeiden wir es, sie einzuatmen. Es ekelt uns eher, wenn Hunde ihre Nase zu tief in dieses Thema vertiefen.

Hunde erfahren draußen allein durch die Düfte, wer wann in welche Richtung gegangen ist. Manchmal kann man beobachten, dass ein Hund seine Nackenhaare aufstellt, obwohl weit und breit kein anderer Hund oder irgendeine andere Bedrohung zu sehen ist. Dann hat er höchstwahrscheinlich den Geruch eines seiner Rivalen in der Nase, der dann diesen Reflex des Haaraufstellens ausgelöst hat. Oder ein Rüde kann sich gar nicht von einer besonders gut duftenden Stelle trennen, nimmt immer wieder den Geruch auf, leckt sogar mit der Zungenspitze darüber und wedelt in freudiger Erwartung mit dem Schwanz – dann hat an dieser Stelle vermutlich eine läufige Hündin oder seine Freundin aus der Nachbarschaft eine Urinmarke hinterlassen.

Analkontrolle

Bei Begegnungen mit Artgenossen ist für die erste Kontaktaufnahme der Geruch ganz wichtig. Und zwar beschnuppern sich Hunde immer zuerst in der Aftergegend, dem sogenannten Analgesicht. Deshalb sollten Sie Ihrem Hund auf keinen Fall diese Analkontrolle verbieten, wenn er einen Artgenossen trifft. Er gehört einfach zum guten Ton bei Hunden – auch wenn wir es vielleicht nicht ganz so spannend finden – und ist die Grundlage für die weitere Kommunikation zwischen den Tieren.

Die Analkontrolle ist sehr wichtig, wenn sich zwei Hunde begegnen, und sollte vom Menschen immer gestattet werden.

Allerdings gibt es da auch Ausnahmen: Hunde, die unsicher auf Artgenossen reagieren, versuchen Körperkontakt zu verhindern und entziehen sich auch sonst, wenn möglich, der geruchlichen Kontrolle durch andere Hunde. Ganz ängstliche Hunde klemmen sogar die Rute ein und laufen weg, um der Analkontrolle zu entgehen.

Durch die Analkontrolle erfährt der Hund viel über den Artgenossen. Die Gerüche geben Auskunft über das Geschlecht und bei einer Hündin darüber, in welcher Phase ihres Zyklus sie sich gerade befindet. Außerdem besitzt jeder Hund – wie auch jeder Mensch – einen individuellen Geruch, der durch die Analkontrolle wahrgenommen und gespeichert werden kann. Riecht der Hund dann bei einem der nächsten Spaziergänge die Duftmarken seiner Artgenossen, weiß er genau, wer hier des Weges gekommen ist.

Übrigens wird die Analkontrolle immer wieder durchgeführt, auch wenn sich die beiden Hunde schon lange kennen und regelmäßig beim Spaziergang begegnen – so als müsste sich jeder vergewissern, dass sich nichts verändert hat und wie es dem anderen heute geht.

!

Kontakt zur Angebeteten

Nimmt ein Rüde bei der Analkontrolle den Duft einer Hündin auf, die bald läufig wird oder sogar schon ist, kommt in diesem Moment auch das Jacobson'sche Organ zum Einsatz. Um dann die Aufnahme der Geruchsmoleküle zu verbessern, wird der Rüde auch mit dem Lecken beginnen, genauso wie bei der Aufnahme der Duftspur einer läufigen Hündin am Boden. Der Grund für dieses Lecken ist also nicht der körperliche Kontakt zu der Hündin und vielleicht der Versuch, sie zu näherem Kontakt zu animieren – wie es für manche Menschen aussehen mag –, sondern ist einfach eine Methode, um das zweite Geruchsorgan am Gaumen der Mundhöhle am effektivsten einzusetzen.

Das gegenseitige Schnüffeln an intimen Stellen ist also ein wichtiger Bestandteil des Verhaltens bei einer Hundebegegnung. Das ist bei Menschen natürlich ganz anders. Fremde Personen, die sich begegnen, suchen in der Regel keinen Körperkontakt und – falls eine Begrüßung stattfindet – reichen sich nur ritualisiert die Hand. Sie würden aber auf keinen Fall gezielt aneinander riechen.

Trotzdem benutzen Menschen auch ihre Nase, wenn sie anderen Menschen begegnen. Denn in unserer Gesellschaft ist es wichtig, gut zu riechen. Personen, die nach Körperausscheidungen riechen, haben heutzutage eine sehr geringe Akzeptanz. Wir Menschen versuchen, durch das Auftragen von Parfum einen wohlriechenden Duft zu verströmen. Das hundliche Parfum mit Duftnoten zum Beispiel von Fuchs- oder Menschenkot trifft dagegen bei uns auf starke Ablehnung.

In zwischengeschlechtlichen Beziehungen spielen Gerüche auch beim Menschen eine große Rolle. Hier gibt es viele unbewusste Auslöser, die unser Leben beeinflussen. Wissenschaftler haben in Versuchen mit Pheromonen festgestellt, dass sie das Verhalten von Menschen beeinflussen können. Logisches und rationales Handeln ist dann nicht immer möglich ist, sondern der Duft des Pheromons kann den Menschen anziehen oder auch abschrecken.

Sabbern

An dieser Stelle sei auch noch kurz das Sabbern beschrieben, das ganz unterschiedlich stark ausgeprägt sein kann. Kommt das Jacobson'sche Organ zum Einsatz, ist dies auch häufig mit einer erhöhten Speichelproduktion verbunden, damit die Geruchsmoleküle noch besser wahrgenommen werden können. Auch wenn der Hund bei der „normalen" Nasenarbeit ist, wird die Speichelproduktion erhöht, da hierdurch der Schnauzenbereich feucht bleibt, was wiederum die Riechleistung verstärkt.

Es kommt auch vor, dass Hunde anfangen zu sabbern, wenn sie mit Artgenossen Kontakt aufnehmen und die Situation für sie sehr interessant und spannend ist. Das kann bei der Begegnung eines Rüden mit einer gut duftenden Hündin sein oder wenn sich zwei Hunde erstmalig treffen, sich sozusagen kennenlernen, und dabei eine gewisse Sympathie zeigen und den anderen zum Spielen oder zu gemeinsamen Aktivitäten animieren möchten, wobei natürlich auch hier Gerüche eine wichtige Rolle spielen.

Nicht zuletzt gibt es noch einen ganz banalen Grund für das Sabbern: die Vorfreude auf das Futter oder eine besonders leckere Belohnung. Aus diesem Grund sabbern wohl fast alle Hunde, wobei es bei großen Hunden mit lockeren, herabhängenden Lefzen in der Regel am meisten auffällt beziehungsweise stärker auftritt. Durch die größere Oberfläche innerhalb des Mauls und der Lefzen wird mehr Speichel produziert und kann durch die langen Lefzen nicht einfach abgeleckt werden. Daher hilft nur regelmäßiges Abwischen mit einem Handtuch, um mögliche Sabberspuren im Haus und an der eigenen Kleidung zu vermeiden.

Ein extremes Beispiel für das Sabbern: Nicht immer muss leckeres Essen die Ursache dafür sein.

Geruchskontrolle der Sozialpartner

Die bisher beschriebene Analkontrolle dient den Hunden hauptsächlich dazu, etwas über einen Artgenossen, der ihnen unterwegs begegnet, zu erfahren. Kommt aber ein Hund, der in einem kleinen Rudel lebt, zu seinen Sozialpartnern zurück, weil er vielleicht allein zum Tierarzt, in die Stadt oder einfach zum Spaziergang mitgenommen worden war, wird er auch von seinen Rudelmitgliedern sofort genauestens geruchlich untersucht. Hierbei erfolgt aber in der Regel keine Analkontrolle, da die Artgenossen ja genau wissen, um wen es sich bei dem Rückkehrer handelt. Vielmehr interessiert es sie brennend, wo ihr Kumpel war und was er

Die Geruchskontrolle wird auch bei Menschen vorgenommen.

erlebt hat. Um das zu erfahren, wird der eingetroffene Vierbeiner an zahlreichen anderen Körperstellen abgeschnüffelt. Das können die Lippen, das Gesicht, die Flanken, die Beine, die Pfoten oder beim Rüden auch der Penis sein. Auf diese Weise werden alle Düfte, die der andere Hund während seines Ausflugs aufgenommen hat, wahrgenommen. Somit ist das auch eine wichtige Art der Kommunikation. Sozusagen auf passive Art durch die aufgenommenen Duftstoffe kann der Hund seinem Rudel viel über seine Erlebnisse berichten. Das ist vergleichbar mit unserer eigenen Heimkehr und dem Bedürfnis, unserem Partner sofort zu erzählen, was wir erlebt oder wen wir getroffen haben.

Aber nicht nur bei vertrauten Artgenossen, auch gegenüber ihrem Menschen verhalten sich Hunde so. War der Hund zum Beispiel allein zu Hause und man kommt zurück von einem Termin, bei dem man mit anderen Hunden Kontakt hatte, wird man erst mal genau abgeschnuppert, und zwar vorwiegend im Bereich Schuhe, Hosenbeine oder unterer Bereich von Jacke oder Mantel, nämlich genau an den Stellen, an denen die Artgenossen ihre persönlichen Duftmoleküle am ehesten hinterlassen. Da reicht es schon aus, wenn ein Hund nur am Bein vorbeigestreift oder kurz an einem hochgesprungen ist. Hat man dann auch noch den fremden Vierbeiner intensiv gestreichelt oder mit ihm gespielt, ist der Duftbericht natürlich noch spannender.

Interessant hierbei ist auch, dass dieses geruchliche Ablesen besonders gründlich erfolgt, wenn man länger fort war, auch wenn man keinen intensiven Kontakt mit anderen Hunden hatte. Ist man nur kurz zum Beispiel beim Einkaufen gewesen, scheint dieser Abruf von Informationen über unsere Erlebnisse offensichtlich nicht so wichtig zu sein. Vermutlich können Hunde dann sofort genau riechen, ob sich ein gründliches Abschnüffeln lohnt oder nicht.

Duftmarken setzen

Das Markieren mit Duftmarken durch Absetzen von Urin und Kot ist bei jedem Hund eine fest verankerte Verhaltensweise. Jedes Absetzen von Kot ist kombiniert mit dem Freisetzen einer kleinen Menge an Duftstoffen aus der Analdrüse. Da ein Hund aber nicht ständig unterwegs Kot absetzen kann, hat er noch die Möglichkeit, mit seinem Urin an zahlreichen verschiedenen Stellen jeweils kleine Duftmarken zu verteilen.

Dieses Markieren ist natürlich bei Rüden besonders ausgeprägt, unabhängig von Jahres- oder Tageszeit. Bevorzugt an strategisch wichtigen Stellen wie Weggabelungen, Bäumen, Pfosten oder Mauerecken werden kleine Urinmengen abgesetzt. Hierbei bemühen sich Rüden, ihre Duftmarken möglichst weit oben zu platzieren, damit die vorbeikommenden Artgenossen sie für größer halten, als sie in Wirklichkeit sind. Die Stellen, die markiert werden, wählt der Hund ganz genau aus. Er schnüffelt zwar an vielen Stellen herum, um möglichst viele Informationen zu erhalten, aber er markiert längst nicht an jeder dieser Stellen. Denn häufig ist das Absetzen von Urin eine Art Gegenmarkierung, um sozusagen seinen Beitrag zu der Markierung ausgewählter Bereiche zu leisten. Das kann verschiedene Gründe haben:

- Entweder will der Hund mit seiner Markierung alle bisher vorhandenen Markierungen verwischen und sich somit als letzter Besucher einen territorialen Vorteil verschaffen.
- Oder der Sinn ist das Vermischen aller Düfte zu einer Art Gruppengeruch, um zu vermitteln, dass in diesem Gebiet eine Gesellschaft existiert.
- Forscher ziehen dagegen in Betracht, dass alle wichtigen Informationen wie bei uns von einem Schwarzen Brett abgelesen werden. Das würde bedeuten, dass Hunde alle einzelnen Düfte mit ihrer Bedeutung ablesen und dadurch Rückschlüsse ziehen können, wie die soziale Struktur gerade beschaffen ist oder wer wohl die höchste Position in der Rangordnung einnehmen würde.

Besonders Rüden versuchen immer, möglichst auffällige Duftmarken zu setzen – und wenn es nur an einem höheren Grasbüschel ist.

Hündinnen setzen in der Regel nur wenige Male bei einem Spaziergang ihren Urin ab. Nur in den Wochen vor und während der Läufigkeit markieren sie auch, indem sie sich wesentlich häufiger an ausgewählten Stellen zum Pinkeln hinhocken und dabei auch mit ihrem Urin während des Spaziergangs haushalten. Hiermit wollen sie einerseits den anderen Hündinnen mitteilen, dass sie gewisse Revieransprüche erheben, und natürlich vor allem den Rüden ihre Empfängnisbereitschaft kundtun.

Hunde markieren also ihr Revier und setzen bewusst Duftmarken – Menschen tun das öffentlich nicht. Zumindest bei Wohnungshunden beeinflussen wir dieses Verhalten auch erheblich, um die Sauberkeit und Hygiene in unserem Umfeld zu gewährleisten. Da Hunde auch einen gewissen Drang haben, ihren unmittelbaren Lagerbereich nicht zu beschmutzen, lassen sie sich relativ leicht zu Stubenreinheit erziehen.

Hunde können sich in extremen Stresssituationen entleeren, indem sie urinieren, Kot verlieren oder sogar ihre Analdrüsen entleeren. Bei Menschen gibt es diesen Reflex auch – mit Ausnahme natürlich vom Entleeren der Analdrüsen.

Sich riechen können

Was finden wir an Hunden wohlriechend? Wenn man genau überlegt, eigentlich wenig.

Man gewöhnt sich an den Normalgeruch des Hundes und nimmt ihn nicht mehr bewusst wahr. Woran ich im Zusammenhang mit wohlriechenden Gerüchen bei Hunden sofort denken muss, ist der Geruch eines gesunden und sauberen Welpen. Selbst aus dem Maul riechen Welpen für die menschliche Nase gut, besonders wenn sie noch gesäugt werden. Es ist irgendwie ein ganz angenehmer Geruch, der sicherlich bei uns auch einen positiven Reflex auslöst – denn auch wenn für uns der Geruchssinn längst nicht mehr eine so bedeutende Rolle spielt, ist unser Riechhirn durchaus noch intakt. Dieser typische Welpengeruch verschwindet spätestens mit Beginn des Zahnwechsels.

Überlegen Sie einmal, was Sie an Ihrem Hund als wohlriechend empfinden! Denselben Geruch können Mitmenschen ganz anders deuten. Was finden Sie an Ihrem Hund besonders übelriechend? Kennen Sie die Aussagen von Mitmenschen, dass Ihr Hund unangenehm riechen würde, Sie können aber gar nichts feststellen und sind der Meinung, dass der Hund wie immer riecht?

Daran merken Sie, dass die Geruchsempfindung eine ganz individuelle Sache ist und sehr unterschiedlich empfunden wird. Nicht ohne Grund gibt es den Spruch: „Den kann ich nicht riechen!“ Er gilt sowohl für uns Menschen als auch unsere Vierbeiner. Und wenn zwischen beiden die „Chemie stimmt“, ist die Grundlage für ein harmonisches Miteinander geschaffen.

Düfte abschütteln

Jetzt wird sich bestimmt mancher die Frage stellen, was das Schütteln eines Hundes mit der Kommunikation durch Gerüche zu tun hat. Aber hier geht er nicht nur um das Schütteln, nachdem ein Hund aus dem Wasser gekommen ist oder wenn er durch einen Spaziergang bei Regen sehr nass geworden ist. Hier geht es um die Frage, warum sich ein Hund meistens möglichst in der Nähe von seinem Menschen schüttelt, obwohl zum Beispiel am Strand oder am Ufer eines Gewässers genügend Platz vorhanden wäre, sich etwas weiter weg zu schütteln.

Ein Hund schüttelt sich bevorzugt in der Nähe seines Menschen.

Denn das hat sicher jeder Hundehalter schon mal erlebt: Der Hund kommt aus dem Wasser und auch wenn man ziemlich weit entfernt ist, kommt er meistens erst zu einem gelaufen, um sich dann ausgiebig zu schütteln, sodass man garantiert eine erhebliche Portion von den aus dem Fell geschüttelten Wassertropfen abbekommt.

Der Grund dafür ist auch wieder, dass sich Hunde als soziale Rudeltiere möglichst genau ihren Rudelmitgliedern – ob Menschen oder Artgenossen – mitteilen möchten. In diesem Fall dient das Schütteln nicht nur dem Trocknen des Körpers, sondern gehört auch zur Körpersprache und sorgt vor allem für die Verteilung von Duftstoffen, dient also ebenso der Kommunikation durch Gerüche. Auf diese Weise drückt der Hund aus, wo er gewesen ist und nach was es dort gerochen hat.

Eine andere Erklärung wäre auch, dass für den Hund das Bedürfnis, wieder in der Nähe seiner Rudelmitglieder zu sein, größer ist, als das Bedürfnis sich zu schütteln, sodass also das Zurückkommen im Verhaltensablauf höhere Priorität hat als das Schütteln.

Wälzen in vielen Variationen

Kennen Sie das auch: Ihr Hund schnüffelt ausgiebig auf einer Wiese herum, scheint auch seine Ohren gerade auf Durchzug zu stellen, da er auf unser Rufen gar nicht reagiert, und wirft sich ganz plötzlich hin, um sich dann ausgiebig in irgendetwas – von dem wir meistens lieber nicht wissen wollen, was es ist – zu wälzen. Anschließend kommt er dann voller Freude zu uns zurückgerannt und stinkt nicht selten jämmerlich „zum Himmel". Dann hat er wieder einen Kuhfladen oder einen Kadaver gefunden, mit dem er sich einparfümieren musste.

Aber warum tun Hunde das, wenn sie doch eine so feine Nase haben? Dafür gibt es bis heute noch ganz unterschiedliche Meinungen. Eine Erklärung wäre die Theorie des instinktgesteuerten Verhaltens, das von den wölfischen Vorfahren übrig geblieben ist. Sie besagt einerseits, dass die Tiere ihren Eigengeruch überdecken wollen, um sich dadurch besser ihren Beutetieren nähern zu können. Eine zweite Möglichkeit wäre, dass sich die Tiere in verwesendem Aas, was ja zu ihrem Speiseplan gehört, wälzen und zu ihren Artgenossen eilen, um diesen geruchlich mitzuteilen, was sie entdeckt haben. Diese Erklärung erscheint logischer, da hochsoziale Tiere ihren Rudelmitgliedern mitteilen wollen, was sie erlebt und entdeckt hat. Und eine leicht verfügbare Nahrungsquelle ist natürlich wichtig für das gemeinsame Überleben.

Der klassische Verhaltensablauf beim Wälzen: Der Hund rollt sich über die Schulter ab (a), wälzt sich am Boden in der Rückenlage hin und her (c, d) und steht schließlich auf, um sich noch einmal zu schütteln (d).

Eine andere Variante des Wälzens ist das Abputzen der Schnauze nach einer besonders leckeren Mahlzeit. Nach dem Fressen begibt sich der Hund auf seine Decke oder auf den Teppich, knickt die Vorderbeine ein und wischt seine Schnauze – mal rechts, mal links – über den Boden, wobei sich der ganze Hund auch nach vorn schiebt, manchmal sogar fast eine Art Kopfstand macht. Es kann auch sein, dass er dabei noch mit den Pfoten über die Schnauze reibt, um sie danach gründlich abzulecken, so als wolle er die letzten Reste des leckeren Essens vom Maul nicht abgeben, sondern auch noch genießen. Die gesamte Bewegung drückt ein echtes Wohlgefühl des Hundes aus. Allerdings ist der genaue Grund für dieses Verhalten noch etwas unklar.

Fest steht, dass diese Verhaltensweise verbunden ist mit einem besonders guten Futter, das vielleicht auch nur gelegentlich angeboten wird. Während der Nahrungsaufnahme lagern sich sowohl im Maul als auch außen an der Schnauze und den Lefzen Geruchs- und Geschmacksstoffe des Futters ab. Nun könnte man vermuten, dass der Hund durch das Abwischen der Schnauze diese einfach reinigen möchte, was aber eigentlich nicht zu seinen typischen Eigenschaften gehört, da Hunde nicht so großen Wert auf Körperreinigung legen wie beispielsweise Katzen.

Eine andere Erklärung wäre, dass der Hund die Futterreste und die damit verbundenen Duftstoffe an Stellen, auf denen er häufig liegt, „deponieren" möchte, um später noch einmal genüsslich daran zu schnuppern. Aber das ist in der Regel nicht zu beobachten. Somit könnte als dritte Möglichkeit wieder die Mitteilung mithilfe von Geruchsstoffen an die Rudelmitglieder ein Grund sein. Oder es handelt sich hierbei einfach um ein Verhalten, mit dem der besondere Genuss und das positive Gefühl demonstriert oder abgerundet werden sollen, so als wenn wir Menschen uns den Mund nach einem guten Essen mit einer Serviette abtupfen.

Eine Variante dieses Verhaltens ist das Wälzen draußen, auch wenn vorher nicht gefressen wurde. Mit diesem „Wohlfühlwälzen" zeigen die Hunde ihre Freude oder wollen damit ein angenehmes Gefühl ausdrücken. Das hat wohl schon jeder beobachtet, wenn sein Hund sich rundum zufrieden im frischen Schnee, auf einer gut duftenden Wiese oder im raschelnden Herbstlaub hinwirft und ausgiebig wälzt. Zusätzlich kann ein Grund für dieses Wälzen auch der Massageeffekt für den Rücken sein und/oder das Aufnehmen von den angenehmen Gerüchen zum Beispiel der ersten frischen Wiese nach einem langen Winter.

Unterschiede zwischen innerartlicher und artübergreifender Kommunikation

Beim Zusammenleben mit einem Hund ist es wichtig zu verstehen, was sind die Unterschiede zwischen der innerartlichen Kommunikation – also wenn Hunde untereinander kommunizieren – und der artübergreifenden – also wenn wir mit unseren Vierbeinern kommunizieren und umgekehrt.

Betrachten wir zunächst den Hund: Wie erfolgt eine Kontaktaufnahme zum Menschen, wenn der Hund mit dem Menschen kommuniziert, um mit ihm in Kontakt zu treten und seine Bedürfnisse mitzuteilen?

Dieser Hund sucht den Blickkontakt zu seinem Menschen in Erwartung eines gemeinsamen Spiels.

Hier gibt es eine ganze Reihe bestimmter Verhaltensweisen, die wohl jeder bei seinem Vierbeiner regelmäßig beobachten kann:

- Blickkontakt
- Auf den Menschen zulaufen
- Mit der Nase anstupsen
- Kopf auf ein Körperteil des Menschen legen, mit oder ohne Blickkontakt
- Mit der Pfote berühren
- Mit der Pfote kratzen
- Anspringen
- Rutensignale
- Bellen, Jaulen oder Winseln
- Demonstrativ einen Punkt anlaufen (zum Beispiel Tür oder Futternapf)

Beim Einsatz dieser Ausdrucksmittel gibt es von Hund zu Hund in der Auswahl und Häufigkeit erhebliche Unterschiede. Je nachdem, wie lange es dauert, bis der Hund Beachtung bekommt und sein Ziel erreicht, kann er auch verschiedene Mittel nacheinander oder auch mehrere zusammen einsetzen.

Er kann zum Beispiel mit einem Blick beginnen. Wenn der Erfolg ausbleibt, geht er dann über zum Anstupsen. Eine weitere Steigerung ist dann noch zusätzliches Bellen oder Jaulen.

Was Hunde so einzigartig macht, ist, dass jeder von ihnen sich im Zusammenleben mit dem Menschen spezielle Verhaltensweisen angewöhnt hat, die ihn von anderen Hunden unterscheiden. Jeder meiner Hunde, die ich bisher hatte, zeigte in der Kommunikation mit mir Eigenheiten, die ich so bei anderen Hunden noch nicht erlebt habe. Nehmen Sie sich kurz Zeit und überlegen Sie einmal, was das bei Ihrem Hund ist. Sie werden bestimmt nicht lange zu überlegen brauchen.

Die Kontaktaufnahme zum Menschen erfolgt häufig durch das Auflegen des Kopfes mit Blickkontakt (a). Erreicht der Hund dann noch nicht die gewünschte Aufmerksamkeit, wird die Pfote mit eingesetzt (b).

Was Erfolg hat, wird angewandt

Konditionierung ist ein Begriff, der immer wieder im Zusammenhang mit Hundeerziehung erwähnt wird. Zeitgemäße Ausbildung von Hunden basiert auf der klassischen Konditionierung mit Bestätigung des richtigen Verhaltens und nicht mehr – wie es früher häufig war – mit Gewalt, Autorität und Drill.

Aber das Konditionieren findet auch im normalen Alltag ständig statt. Im täglichen Umgang zwischen Menschen und Hunden verstärken sich bestimmte Verhaltensweisen und werden dadurch öfter gezeigt, wenn sie zum gewünschten Erfolg führen. Häufig konditionieren wir dabei unabsichtlich den Hund, aber umgekehrt können Hunde uns auch konditionieren. Sie wissen häufig, wie sie uns lenken können und somit das von ihnen Erwünschte wie eine extra Streicheleinheit, eine Belohnung oder eine Spielstunde erreichen. Somit wiederholt der Hund viele Verhaltensbausteine immer öfter, wenn er gelernt hat, dass sie zum Erfolg führen.

Außerdem versuchen Hunde ständig, uns Menschen ihre Bedürfnisse mitzuteilen. Zu den häufigsten Bedürfnissen zählen Hunger, Aufmerksamkeit, Zuneigung und Körperkontakt, Hinauswollen oder Hinausmüssen.

Wie Hunde uns konditionieren

Der Hund findet heraus, dass immer, wenn er seinen Besitzer oder auch einen anderen Menschen kräftig mit der Schnauze unter den Arm stupft oder stößt, dieser beginnt ihn zu streicheln. Oder der Hund bemerkt, dass, wenn er sein Futter möchte, es meist schneller geht, wenn er kräftig bellt. Warum funktioniert das?

Wenn der Mensch es zulässt, dass der Hund an der Leine zieht, um möglichst schnell an irgendetwas Bestimmtes zu gelangen, findet eine unbeabsichtigte Konditionierung statt.

Der Mensch will zum Beispiel die Nachbarn nicht unnötig stören und beeilt sich bei der Zubereitung des Futters, damit der Hund schneller ruhig ist. Irgendwann stellt der Mensch dann fest, dass der Hund sein Verhalten in diesem Punkt steuert und er immer penetranter bellt, bevor es Futter gibt. Dann ist es leider oft schon zu spät, dieses unerwünschte Verhalten schnell wieder in den Griff zu bekommen, denn es hat sich ein Ritual entwickelt, das für den Hund immer von Vorteil war.

Nun beginnt ein schwieriger und oft langwieriger Prozess, um den Hund wieder umzukonditionieren. Der Hund soll also nun verknüpfen, dass es schneller geht, wenn er sich ruhig verhält. Interessanterweise hat es in so einem Fall eine andere Person oft einfacher, den Hund in der gleichen Situation ruhig zu halten, da er hier eine Änderung im Verhalten viel schneller akzeptiert. Die Konditionierung hat nicht nur mit der Situation Futtergeben stattgefunden, sondern ist oft eng mit bestimmten Personen und Umgebungen verknüpft.

Man erlebt das häufig bei Hunden, die man ein paar Tage in seiner Obhut hat. Der Besitzer weist einen auf schwierige Verhaltensweisen hin, aber oft treten die im fremden Haushalt und in der Anwesenheit fremder Personen gar nicht auf oder sind zumindest sehr schnell zu beeinflussen und zu kontrollieren. Andere Verhaltensweisen zeigen Hunde erst, wenn sie länger in einem Haushalt leben, sich also heimisch fühlen. Deshalb sind Problemhunde, die zum Beispiel in bestimmten Situationen dazu neigen zu schnappen oder gar zu beißen, in einer neuen Umgebung in der Regel in den ersten Tagen unauffällig und zeigen erst nach Tagen oder gar Wochen das unerwünschte Verhalten.

Konkret wird das Sofa also erst verteidigt, wenn der Hund die Situation in der neuen Umgebung ausgelotet hat und zu dem Schluss kommt, dass er hier austesten kann, inwieweit er das Sofa ständig in Besitz nehmen kann. Trifft er auf einen erfahrenen Hundehalter, der einschätzen kann, wie ernst es dem Hund in der Situation ist, und dem es gelingt, die ersten Ansätze zu unterbinden, indem er dem Hund zum Beispiel erst gar nicht erlaubt, in die Nähe des Sofas zu gehen, wird dieses unerwünschte Verhalten im Keim erstickt.

Der Hund muss immer etwas Spannendes erwarten, wenn er zu einem kommt, dann wird er draußen immer gut kontrollierbar sein.

Wir Menschen sollten also bestrebt sein, den Gesamtüberblick über das Verhalten unserer Hunde zu behalten und dieses gezielt zu beeinflussen und wenn nötig auch zu kontrollieren. Kontrolle auszuüben, muss nicht unbedingt heißen, dass der Hund sich als unser Sklave fühlt und ständig nur unseren Anweisungen folgen muss. Im Gegenteil: Der Hund kann sich auch in dieser Konstellation sehr wohlfühlen, denn er hat gar nicht das Gefühl, ständig kontrolliert zu werden, sondern hat selbst den Eindruck, dass er den Menschen teilweise kontrollieren würde, da er ihn in diesem Glauben lässt.

Hier ein passendes Beispiel: Der Hund lernt, dass er, wenn er die Futterschüssel bringt, dadurch das Ritual zum Füttern einleiten kann. Ich würde dazu jedoch ein Auslösewort verwenden, damit der Hund nicht schon Stunden vorher die Schüssel herumträgt.

Ein anderes ganz banales, aber unheimlich nützliches Beispiel wäre, dass der Hund, wenn er schnell zum Menschen kommt, etwas Angenehmes erfährt, er also einen Leckerbissen erhält, wir mit ihm spielen oder ihn durch Streicheln oder Kuscheln bestätigen. Wichtig ist hierbei zu variieren. Wenn der Hund zu einem kommt, sollte er nicht immer in der gleichen Intensität bestätigt werden, sondern man kann ihn zum Beispiel auch mal wieder weglaufen lassen und dann erst beim zweiten Rufen bestätigen.

Der Hund soll auf alle Fälle nicht immer das Gleiche erwarten, besonders nicht immer Futter, denn sonst kann es passieren, dass er nur noch freudig kommen will, wenn er riecht, dass wir gerade die Taschen voller Leckerli haben. Es soll für den Hund immer spannend sein, sodass er freudig in Erwartung einer Überraschung zu einem kommt und somit uns die gewünschte Aufmerksamkeit schenkt.

Man gibt also dem Hund das Gefühl, dass er durch bestimmte Verhaltensweisen den Menschen dazu bringen kann, ihm angenehme Dinge zuteil werden zu lassen und sich dadurch diese Verhaltensweisen verstärken. Wichtig ist aber, dass der Mensch hierbei den Gesamtüberblick behält und nicht heimlich der Hund diesen „übernimmt“.

Immer auf Vorteile bedacht

In diesem Zusammenhang sei auch noch mal erwähnt, dass Hunde durchaus immer auf ihre Vorteile bedacht sind. Sie sind in der Lage, sich schnell an eine bestimmte Situation anzupassen und durch die richtige Handlung daraus Vorteile zu ziehen. Und genau diese Anpassungsfähigkeit machen wir uns heutzutage bei der Hundeerziehung zunutze. Der Hund lernt, dass es für ihn von Vorteil ist, wenn er ein bestimmtes Verhalten auf Kommando zeigt, weil er dafür eine Belohnung erhält.

Im menschlichen Bereich wird diese Eigenschaft als Opportunismus bezeichnet, was sich immer recht negativ anhört. Denn eigentlich möchte ja jeder Mensch eine eigene, selbstständige Persönlichkeit sein und sich nicht von anderen Menschen und Situationen manipulieren oder beeinflussen lassen. Aber genau das wünschen wir von unseren Hunden. Sie sollen sich immer so verhalten, wie wir es wollen, brav alle Kommandos ausführen und ständig unter unserer Kontrolle sein. Und das erreichen wir am besten, wenn wir unsere Hunde durch positive Verstärkung manipulieren. Also ist ein Opportunist mit vier Beinen doch eigentlich ideal, oder?

Hier gibt es allerdings aber doch noch Unterschiede, abhängig von der Rassezugehörigkeit und der ursprünglichen Verwendung der Hunde.

Ein großer Hirtenhund, der eigentlich dafür gezüchtet wurde, selbstständig und mehr oder weniger unabhängig vom Menschen seine Arbeit zu verrichten, ist wesentlich schwerer zu konditionieren und zu manipulieren als Hunde, die dafür bestimmt sind, eng mit Menschen zusammenzuarbeiten und auch von ihnen versorgt werden. Hierzu zählen bestimmte Hütehunde, eine Reihe von Jagdhunden und natürlich die typischen Gesellschaftshunde.

Die meisten kleinen Hunderassen gehören zu den Gesellschaftshunden, die für ein enges Zusammenleben mit dem Menschen gezüchtet wurden.

Allerdings müssen Sie natürlich auch wissen, was Ihr Hund wirklich als Vorteil für sich empfindet. Beeinflusst wird das auch durch die natürlichen Triebe. Nicht immer steht bei jedem Hund das Leckerli oder die Streicheleinheit ganz oben auf der Hitliste für angenehme Dinge. In bestimmten Situationen können nämlich ganz andere Dinge auf einmal höhere Priorität haben. Hierzu gehören der Jagdtrieb und der Sexualtrieb. Von einer Sekunde auf die andere kann zum Beispiel ein durchaus gut erzogener und braver Hund seine ganze Kinderstube vergessen, wenn er einen Hasen, ein Reh oder auch nur eine Katze oder ein Eichhörnchen entdeckt hat und rein instinktiv die Verfolgung aufnimmt. Hat man hier nicht im richtigen Moment eingegriffen und ihn rechtzeitig vorher abgerufen, kann man sich ein weiteres Rufen sparen. Denn in diesem Moment empfinden viele Hunde schon das Verfolgen eines Beutetieres als selbstbelohnend und somit noch wichtiger und angenehmer als das Leckerli.

Ähnlich verhält es sich, wenn ein Rüde die Spur einer läufigen Hündin entdeckt oder die Angebetete sogar in der Nähe vorbeiläuft. Je nachdem, wie triebig der Rüde von Natur aus ist, wird er dann entweder die Spur erfolgen oder direkt versuchen, Kontakt mit der Hündin aufzunehmen oder zumindest lang und intensiv die Duftstoffe „aufsaugen“ und sich kaum davon trennen können. Auch hier hilft dann bei vielen Rüden nicht mehr das sonst so verlockende Leckerli oder Spielzeug. Es kann sogar sein, dass sie den Leckerbissen gar nicht annehmen oder ausspucken. Im Extremfall verweigern sie auch zu Hause das Futter, solange der Duft der läufige Hündin aus der Nachbarschaft um ihre Nase weht – und das kann einige Tage dauern.

In ganz anderen Situationen ist aber der Opportunismus eines Hundes wieder durchaus von Vorteil. Hunde sind grundsätzlich in der Lage, sich relativ schnell an neue Situationen und somit auch an neue Bezugspersonen zu gewöhnen. Dem werden jetzt sicherlich viele Hundefreunde widersprechen, die eine sehr enge Bindung zu ihrem Vierbeiner haben und sich nicht vorstellen können, dass ihr Hund jemals einen anderen Menschen so lieben würde wie sie. Aber könnten sich Hunde nicht an neue Lebenssituationen anpassen, wären die vielen Tierheimhunde oder die zahlreichen Hunde, die vor allem aus südlichen Ländern durch den Tierschutz zu uns gelangen, nicht vermittelbar. Oft werden sie aus einem völlig anderen Umfeld herausgerissen und mit einer ganz neuen Lebensweise konfrontiert. Gibt man ihnen aber ausreichend Zeit für die Eingewöhnung und vor allem Zuwendung, Liebe und Geduld, werden sie bald in ihrem neuen Leben „ankommen“ und sich zu treuen Begleitern entwickeln. Allerdings ist hier natürlich die entsprechende Vorgehensweise des Menschen gefragt und vor allem die richtige Kommunikation zwischen dem Menschen und seinem neuen Schützling.

Die richtigen Kommunikationsmittel

Wenn wir Menschen uns mit unseren Hunde beschäftigen, sollten wir ganz gezielt die richtigen Kommunikationsmittel einsetzen. Das ist etwas, was auch wir Menschen lernen und bei Bedarf trainieren müssen. Hier spielen auch wieder Lautsprache, Mimik und Körpersprache und eine Kombination davon die Schlüsselrolle. Um herauszufinden, welche Kommunikationsmittel für den eigenen Hund am besten geeignet sind, kann man für den Vierbeiner daraus ein Spiel machen.

Sie möchten zum Beispiel, dass der Hund sich auf etwas konzentriert und ein bestimmtes Verhalten zeigt, um zu verhindern, dass er unkontrolliert auf die Straße läuft und sich dadurch in Gefahr bringt.

Nehmen wir mal an, Sie möchten, dass er Ihnen stattdessen einen bestimmten Gegenstand bringen soll. Eine Möglichkeit ist es nun, ausschließlich durch Körpersprache den Hund zu dem gewünschten Verhalten zu bewegen, ohne dass irgendein akustisches Signal dabei eingesetzt wird. Die zweite Möglichkeit wäre, nur mit der Stimme und bestimm-

Jeder sollte selbst herausfinden, welche Kommunikationsmittel für seinen Hund geeignet sind, wie hier zum Beispiel die Körpersprache.

ten Geräuschen den Hund zu demselben Verhalten zu bewegen. Eine feinere Nuance für das Einsetzen der Kommunikationsmittel wäre dann, dass man entweder nur ausschließlich seine Mimik dafür verwendet oder auf die Stimme bezogen keine Begriffe benutzt, sondern nur diverse Geräusche wie Pfeifen, Schnalzen, Zischlaute und so weiter.

Probieren Sie es einmal aus und Sie werden feststellen, dass die meisten Hunde erstaunlich aufmerksam sein werden und sich bemühen, uns zu verstehen. Auf diese Weise können Sie auch feststellen, welche Signale Ihr Hund am besten versteht, und sich dann die Kombination von Kommunikationsformen aussuchen, die dem Hund auch unter Ablenkung klar vermittelt, was Sie von ihm möchten.

Hat Ihr Hund zum Beispiel ein Handicap wie Taubheit oder Blindheit, das entweder von Geburt an oder durch Unfall, Krankheit oder auch altersbedingt aufgetreten ist, fallen bestimmte Arten der Kommunikation natürlich weg, wogegen andere dafür in den Vordergrund treten. Wenn bei einem Hund aufgrund seines Alters bestimmte Sinnesleistungen eingeschränkt oder gar völlig eingestellt werden, haben Sie dann immer noch eine Alternative zur Verfügung, wenn Sie schon vorher auf verschiedenen Ebenen mit ihm kommuniziert haben und das regelmäßig geübt und praktiziert wurde.

Emotionen – ja oder nein?

Was häufig auch beim Umgang mit Hunden und bei der Hundeerziehung gefragt wird, ist: Soll der Mensch seine Emotionen immer voll im Griff haben, also sehr beherrscht und abschätzend mit dem Hund umgehen, oder darf er auch mal seine Gefühle zeigen?

Was fällt Ihnen zu einem gänzlich emotionsfreien und sehr konstanten Kommunikationsmittel gegenüber dem Hund ein? Mit fällt dazu zunächst der Clicker ein. Ja, mit dem Clicker, mit diesem ein immer gleiches Knackgeräusch erzeugenden Gegenstand können wir mit einem Hund kommunizieren. Wir können ihn sehr erfolgreich einsetzen, um dem

Hund erwünschte Verhaltensweisen anzuzeigen und diese danach zum Beispiel mit einem Auslösewort zu kombinieren.

Aber, Achtung! Für mich ist der Clicker ein Kommunikationsmittel. Er ist jedoch nicht – wie häufig angenommen – ein Erziehungsmittel, mit dem ich einen Hund in allen Alltagssituationen kontrollieren und wenn nötig automatisch Verhaltensauffälligkeiten kurieren kann.

!

Das andere Geräusch
Als Pendant zum Clicker könnte man die Diskscheiben sehen. Sie erzeugen auch ein Geräusch, das immer relativ gleich klingt. Es soll dem Hund mitteilen, dass das, was er in dem Moment tut, unerwünscht ist und abgebrochen werden soll. Es ist also ein Abbruchgeräusch. Genauso wie das Clickgeräusch wird auch dieses Geräusch konditioniert, nur hat es für den Hund eine gänzlich andere Bedeutung als der Clicker. Man kann es einsetzen, um den Hund davon abzuhalten, etwas Ungenießbares zu fressen, was herumliegt – das könnte ihm eventuell mal das Leben retten. Bei Hunden, die gern Löcher buddeln, kann es auch eingesetzt werden. Und es gibt noch viele andere Anwendungsmöglichkeiten, wenn man möchte, dass der Hund ein Verhalten abbricht. Alternativ könnte man auch mit einer Dose rasseln, die zum Beispiel mit Steinchen gefüllt ist, oder mit einem Schlüsselbund. Die Diskscheiben haben den Vorteil, dass sie leichter sind und mit ihnen nur dann Geräusche erzeugt werden, wenn man es auch wirklich will. Andere alternative Mittel sind hier vom Handling her gesehen schwieriger im gezielten Einsatz. Dies ist aber keine Aufforderung, unbedingt Diskscheiben zu verwenden. Wenn überhaupt, dann sollten sie nur sehr sparsam und gezielt eingesetzt werden. Bei Unsicherheit in der Anwendung sollten sie lieber gar nicht oder nur unter fachlicher Anleitung verwendet werden. Bei Geräuschphobikern, die es unter Hunden leider zunehmend gibt, ist eine Anwendung auf keinen Fall sinnvoll.

Sie fragen sich jetzt vermutlich: Brauche ich unbedingt einen Clicker, um meinem Hund etwas beizubringen oder ihm mitzuteilen, dass er jetzt gerade etwas Erwünschtes tut? Die Antwort ist: Sie brauchen nicht unbedingt einen Clicker. Sie können das Clickersignal durch ein selbst erzeugtes Geräusch oder Signalwort ersetzen, es könnte theoretisch auch eine bestimmte Mimik oder Handbewegung sein, wenn der Hund in diesem Moment Blickkontakt zu dem Menschen hat. So ist es zum Beispiel bei Filmhunden notwendig, lautlose Signale zu verwenden, um die gleichzeitigen Tonaufnahmen nicht zu stören. Tatsache ist aber, dass man deutlich schnellere Lernerfolge erzielt, wenn man dem Hund mit dem passenden

Timing eindeutig vermitteln kann, dass er gerade eine lohnenswerte Verhaltensweise zeigt.

Wollen wir nun aber wirklich mit dem Hund immer sehr sachlich und neutral umgehen? Quasi einen Click auslösen, wenn er toll ist, und mit den Diskscheiben herumscheppern, wenn er nicht toll ist und er etwas unterlassen soll?

Ich denke, das können die meisten Menschen, die mit Hunden in einer Gemeinschaft leben, mit „Nein" beantworten. Denn man muss hierbei deutlich unterscheiden, ob man sich in einer Trainingssituation befindet, in der man dem Hund fürs tägliche Zusammenleben wichtige Dinge beibringt, oder ob man fernab irgendwelcher Gefahren für den Hund und ohne irgendeine Dringlichkeit, den Hund gerade zuverlässig unter Kontrolle halten zu müssen, im Kontakt mit ihm ist. Denn das ist es ja, was wir am Zusammenleben mit unseren Hunden so schätzen: die ruhigen Momente, in denen wir leise mit dem Hund reden können, ihm alles Mögliche erzählen, ihn streicheln und seine Nähe und Wärme spüren oder einfach nur ein paar Blicke austauschen, unseren Puls senken und abschalten können. Ich denke, solche Momente will kaum ein Hundebesitzer missen. Und auch das ist Kommunikation! Nicht umsonst werden Hunde zu therapeutischen Zwecken eingesetzt.

Wir Menschen sollten also lernen zu unterscheiden, ob wir mit dem Hund gerade arbeiten wollen oder ob wir mit ihm einfach kommunizieren, weil wir in ruhigen Minuten unter uns sind. Denn dann pflegen wir einfach mit unserem Hund den sozialen Kontakt, der rein auf dem Tun beruht, für beide angenehm ist, jedoch keinen direkten Zweck erfüllt, wie zum Beispiel um den Hund für ein harmonisches Zusammenleben im Alltag und vor allem auch draußen vorzubereiten und zu erziehen.

Nähe, Streicheln und Blickkontakt gehören auch zur Kommunikation mit dem Hund.

Im Alltag in der Öffentlichkeit muss der Mensch planen und steuern, wie sich der Hund verhalten soll, damit man ihm einen möglichst großen Freiraum auf Spaziergängen ermöglichen kann, ohne dass er gefährdet wird oder anderen Menschen oder auch Hunden Unangenehmes widerfährt oder sie schlicht nur belästigt oder bedrängt werden. Eine gewisse Beeinflussung und Kontrolle über das hundliche Verhalten stehen meiner Meinung nach nicht im Widerspruch zu einem liebevollen und für beide Seiten angenehmen Umgang und Zusammenleben mit unseren Hunden.

Die No-Goes bei der Kommunikation

Bei der zwischenmenschlichen Kommunikation, also im Umgang mit seinen Mitmenschen gibt es eine ganze Reihe No-Goes. Da stellt sich natürlich die Frage, inwieweit gilt das auch für die Kommunikation zwischen Hund und Mensch?
Somit sollten wir uns zunächst einmal überlegen, was uns extrem in der zwischenmenschlichen Kommunikation stört beziehungsweise worauf wir gesteigerten Wert legen.

- Wir wollen, dass man uns zuhört.
- Wir wollen ernst genommen werden.
- Wir wollen Ehrlichkeit.
- Wir wollen nicht bemitleidet werden.
- Wir wollen nicht herumkommandiert werden.

Das plötzliche Tätscheln des Kopfes von oben – vor allem bei fremden Hunden – gehört zu den No-Goes, da es die meisten Hunde als Bedrohung empfinden.

Versuchen Sie für sich selbst zu beantworten, inwieweit das auch auf Hunde als Kommunikationspartner zutreffen könnte. Zumindest werden Sie einige Merkmale finden, die allgemein bei Hunden als positiv angesehen werden:

- Hunde sind ehrlich – sie lügen nicht.
- Hunde hören uns meist geduldig zu.
- Hunde machen sich nicht über uns lustig.
- Hunde bemitleiden uns nicht und akzeptieren uns so, wie wir sind.

Im Gegenzug würde der Hund – wenn wir ihn fragen könnten – sicherlich auch gewisse Forderungen an die Kommunikation mit dem Menschen stellen:

- Er will beachtet werden.
- Er will nachvollziehbare Handlungen des Menschen.
- Er will sicherlich auch nicht ständig herumkommandiert werden.

Kommunizieren Männer mit Hunden anders als Frauen?

Stimmt es wirklich, dass Frauen grundsätzlich anders mit Hunden umgehen als Männer? Nimmt man mal einen Querschnitt von allen Hundevereinen, Hundeschulen und Hundesportveranstaltungen, stellt man fest, dass der Anteil an weiblichen Hundeführern in der Regel höher ist als an männlichen. So erhält man natürlich den Eindruck, dass Frauen wesentlich mehr mit ihren Hunden unternehmen und offensichtlich auch besser mit ihnen kommunizieren können. Aber vielleicht liegt es einfach nur an der zur Verfügung stehenden Zeit oder an den unterschiedlichen Interessen zwischen Männern und Frauen. Aber das sei hier dahingestellt. Konzentrieren wir uns weiter auf die Kommunikation mit dem Hund.

Sind Frauen eher mütterlich im Umgang mit Hunden? Sehen sie den Hund eher als „Baby", dass sie umsorgen und pflegen wollen? Denn dieses menschliche Verhalten wäre sehr ursprünglich, sorgten sich doch schon vor Jahrtausenden Frauen um die Aufzucht und Pflege der Vorfahren unserer heutigen Hunde.

Gehen Männer wirklich anderes mit Hunden um als Frauen?

Sehen Männer in einem Hund dagegen eher den Kumpel oder ist für sie der Hund sogar ein Statussymbol? Das würde auch zu den ersten Beziehungen zwischen Männern und Hunden passen, als die Menschen merkten, dass Hunde sehr wertvolle Helfer bei der Jagd waren. Somit wurden die Hunde für die Jagd – früher eine rein männliche Domäne im Überlebenskampf – eingesetzt. Je erfolgreicher die Jagd und somit die Nahrungsbeschaffung war, umso angesehener war der Mann in seinem sozialen Umfeld. Und das hatte er dann auch seinem vierbeinigen Begleiter zu verdanken.

Auch der rein physische Unterschied zwischen Männern und Frauen kann ein Grund für unterschiedliche Art der Kommunikation sein. Denn Männern fällt es leichter, in tiefen Tonlagen mit dem Hund zu kommunizieren, während Frauen der Part mit den hohen Tönen eher entgegenkommt. Und da der Hund über ein sehr feines Gehör verfügt, kann er natürlich sehr feine Nuancen bei Tonlage und Lautstärke wahrnehmen. Somit könnte es durchaus sein, dass Frauen grundsätzlich besser von Hunden verstanden werden, da es ihnen einfach leichter fällt, leise und in etwas höheren Tonlagen mit Hunden zu sprechen.

Ich denke, dass sich hier schon Tendenzen abzeichnen und Männer und Frauen mit jeweils anderen Problemen zu kämpfen haben, die man sich bewusst im Umgang mit dem Hund antrainieren muss, während andere Verhaltensweisen dagegen wesentlich leichter fallen. Andererseits kenne ich auch Frauen, die im Umgang mit ihren Hunden eher maskulines Auftreten zeigen. Und ebenso gibt es Männer, die sehr emotional geprägte Bindungen zu ihren Hunden haben und fast nur extrem sanft und in hohen Tonlagen mit ihnen kommunizieren. Somit kann man bei diesen Unterschieden zwar gewisse Tendenzen feststellen, aber wie in den meisten Dingen im Leben lassen sie sich nicht verallgemeinern.

Was ist noch schicklich im Umgang mit Hunden?

Wer wie ich schon seit vielen Jahren fast täglich mit unzähligen Hunden und ihren Menschen zu tun hat, hat die unterschiedlichsten Umgangsformen mit unseren Vierbeinern schon erlebt. Manchmal begegnen einem da auch ganz extreme Eigenarten. Aber was ist heute überhaupt schicklich im kommunikativen Umgang mit dem Hund und was wird gesellschaftlich nicht akzeptiert?

Ist eine Frau, die einen Hund an sich drückt und küsst, eher ein gewohntes Bild oder sieht man auch häufig Männer, die dieses Verhalten zeigen? Wo wird der Schmatzer platziert? Nach meinen Beobachtungen werden häufig die Stirn und die Wangen des Hundes geküsst, also die typischen Stellen, die auch unter Menschen, die eine nicht sexuelle, freundschaftliche Beziehung zueinander haben, für den Begrüßungskuss gewählt werden.

Ich hatte zumindest bei einer Recherche im Internet keinerlei Probleme, Bildern von Menschen beiderlei Geschlechts in dieser Pose mit Hunden zu finden. Ich fand sogar einen Thread in einem Hundeforum, der sich mit dem Thema befasste, wer seinen Hund küsst. Es haben sich erstaunlich viele Leute geoutet.

Hunde werden häufig auf die Wange geküsst.

Interessant ist bei solchen Bildern immer, was die Mimik und Körperhaltung der Hunde ausdrückt. Begeisterung sieht oft anders aus. So wie wir an unseren Hunden einige Dinge akzeptieren, die uns nicht begeistern, so wird es wohl bei vielen Hunden auch sein: Sie dulden diese menschlichen Zärtlichkeiten. Dem einen fällt das leichter und dem anderen schwerer – die menschliche Interpretation sieht dann so aus: Die einen sind Schmuser und die anderen Hunde nicht.

Das soll natürlich nicht aussagen, dass Hunde jegliche Art von Berührung und Körperkontakt durch den Menschen als unangenehm empfinden könnten. Im Gegenteil: Viele Hunde genießen es sichtlich, wenn sie von Menschen gestreichelt und gekrault werden. Jeder Hund hat da auch seine bevorzugten Körperstellen, sei es hinter den Ohren, am Hals oder an der Brust. Fast jeder Hund hat auch Körperstellen, an denen er sich nicht gern anfassen lässt. Ich kenne Hunde, die Berührungen an den Vorderbeinen nicht mögen, andere mögen es nicht, wenn man ihre Rute berührt. Solche Abneigungen können oft auch durch Unfälle, wenn man dem Hund versehentlich auf die Rute oder Pfote getreten hat, oder durch unangenehme Behandlungsmaßnahmen entstehen. Beispiele sind hier das oft ungeliebte Abputzen der schmutzigen Pfoten oder das Schneiden der Krallen. Oft sind Hunde auch einfach nur mal geärgert worden – Kinder wollten zum Beispiel mal herausfinden, was der Hund tut, wenn man ihn am Schwanz zieht.

Dieser Hund zeigt eindeutig keine „Berührungsängste“ und fühlt sich sichtlich wohl.

Viele Hunde suchen von sich aus intensiven Körperkontakt und wollen mit dem Menschen kontaktliegen. Intensive Umarmungen kombiniert mit starkem Über-den-Hund-Beugen werden dagegen von vielen Hunden als unangenehm empfunden und sie versuchen sich dann zu entziehen oder zeigen zumindest Signale der Beschwichtigung.

Während der freundschaftliche Kuss noch eine gewisse Akzeptanz in der Öffentlichkeit findet, ist es doch eher verpönt, einen Hund auf Mund und Nase zu küssen. Dieses Verhalten ist in der Öffentlichkeit nicht salonfähig.

Auf viele Nichthundebesitzer und im Besonderen Menschen, die keinerlei Beziehung zu Hunden haben, sondern im Gegenteil eher eine Abneigung beim Anblick von Hunden empfinden, wird jegliche Äußerung von Zärtlichkeiten gegenüber Hunden als abstoßend und vielleicht sogar als abartig empfunden.

Die Sache mit dem Ablecken

Dass Hunde Menschen gern ablecken, ist bekannt und wird an Händen oder anderen Körperteilen zwar nicht gern gesehen, ruft aber im Allgemeinen keine großen Aufruhr bei den Mitmenschen hervor. Das Ablecken des menschlichen Gesichtes jedoch wird in der breiten Öffentlichkeit nicht toleriert, wird als unhygienisch bezeichnet und mit Abneigung quittiert.

Hunde lecken Menschen aus verschiedenen Gründen ab. Es kann Bestandteil eines Begrüßungs- oder Beschwichtigungsrituals sein (hierzu mehr im nächsten Kapitel). Oder die menschliche Haut riecht einfach lecker, weil zum Beispiel kleine Anteile von Essensresten auf der Haut sind. Manche Hunde reagieren auch besonders auf Hautcremes oder Körpermilch mit dem Drang, diese abzulecken. Rüden lecken gern auch Menschen ab, die nach Hündinnen riechen. Hündinnen können in der Scheinträchtigkeit auch den Drang entwickeln, den Menschen als Ersatzwelpen zu benutzen und wollen dann die Haut ablecken, um sie wie bei einem Welpen zu reinigen.

Bei Filmszenen werden Menschen oft mit leckeren Sachen wie Butter oder Leberwurst eingeschmiert, damit die Hunde so aussehen, als wären sie superfreundlich und würden die Menschen begrüßen. Schauen Sie sich mal im Hinblick darauf Hundefilme an, Sie werden schnell lernen zu erkennen, welcher Hund wirklich Begrüßungsverhalten zeigt und welcher nur leckeres Zeug schleckt. In den alten Lassiefilmen gab es viele solcher Situationen.

Es gibt verschiedene Gründe, warum Hunde so gern unser Gesicht ablecken.

Der Schlafplatz des Hundes – ein Spiegel des Verhältnisses zum Hund?

Kommen wir jetzt noch zu einem sehr umstrittenen Thema. Wo schlafen Hunde und wie ist ihr Schlafplatz gestaltet? Hier gibt es auch gesellschaftsfähige Varianten und welche, die zu Diskussionen bei Mitmenschen führen können.

Fangen wir mal an mit Hunden, deren Schlafplatz örtlich sehr weit weg vom menschlichen Schlafplatz liegt. Der Hund schläft im Zwinger in einer Hundehütte, in einem Stall oder in der Garage. Diese Form des

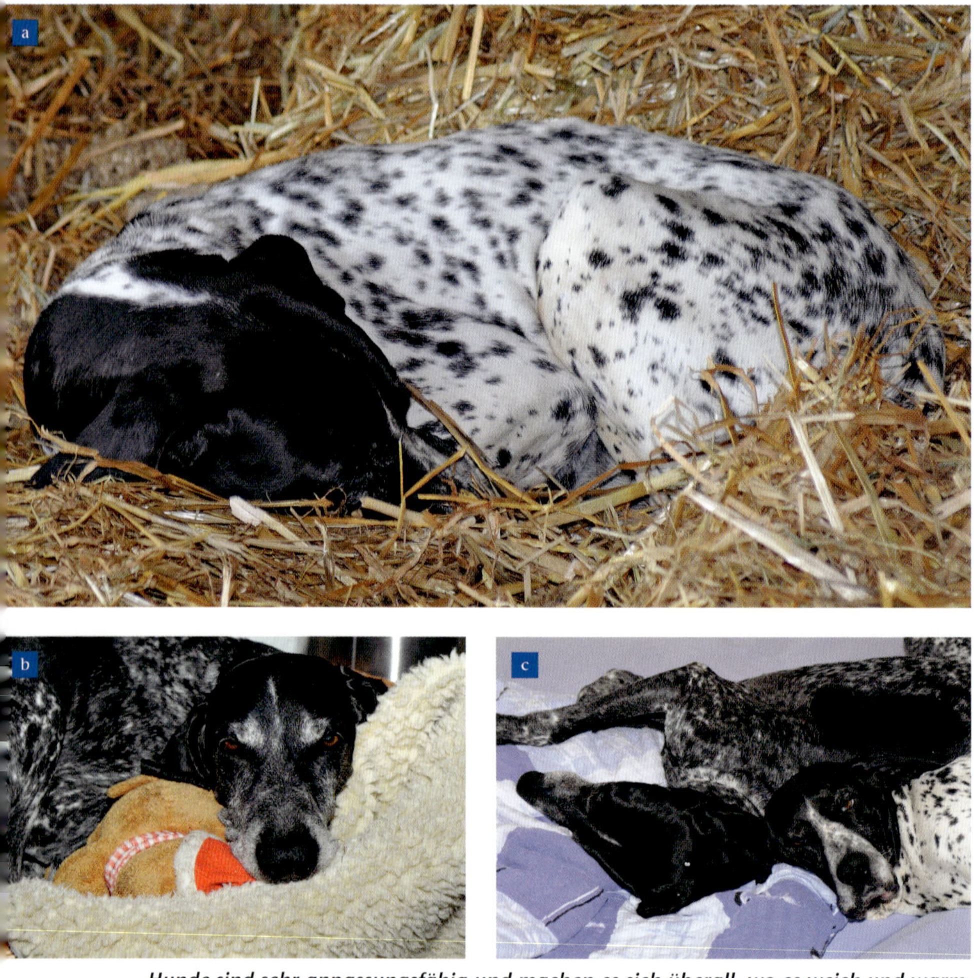

Hunde sind sehr anpassungsfähig und machen es sich überall, wo es weich und warm ist, gemütlich: im Stroh (a), im Körbchen (b) oder auch im Bett ihrer Menschen (c).

Schlafplatzes führt bei vielen „modernen“ und an artgerechter Haltung interessierten Hundehaltern oft zu Kritik. Der Hund ist isoliert, kann sich als Rudeltier nicht in der Gemeinschaft aufhalten. Der Schlafplatz im Keller hat ebenfalls einen umstrittenen Ruf, schon allein, weil es da oft dunkel ist.

Ein Schlafplatz in Form von einem schönen, weichen Körbchen in einem mit Tageslicht beleuchteten Zimmer erfreut sich großer allgemeiner Akzeptanz. Der Hund ist in der menschlichen Gemeinschaft integriert, hat aber einen hygienisch unbedenklichen Schlafplatz. Steht das Körbchen im Schlafzimmer, kann das aus hygienischen Gründen bereits auf erste Kritik stoßen.

Hunde auf Sofas sind nicht gern gesehen, führen aber zu weit weniger heftigen Reaktionen von Nichthundehaltern als der Hund, der sich das Bett von Herrchen oder Frauchen als Schlafplatz ausgesucht hat und dem es auch noch erlaubt wird, dort zu übernachten. Solche Bekenntnisse sind im Kreis von begeisterten Hundehaltern schon heikel, in der breiten Öffentlichkeit aber sehr problematisch

Nichthundehalter oder Menschen, die mit ihrem Hund nicht so eng zusammenleben möchten, sehen hier die unhygienischen Momente, die auch zu einem Hundeleben gehören. Stellen wir uns nur mal vor, der Hund wälzt sich in Aas oder Exkrementen oder frisst solche Dinge. Oder er hat Zecken, die sich auf ihm bewegen, oder fängt sich von einem ungepflegten Hund Flöhe ein. Dann ist da noch die Tatsache, dass Hunde ihre Genitalien und Afterregion mit der Zunge sauber halten. Das ist ein Grund für viele Menschen, die selbst keine Hunde haben, auf Distanz zu Hunden zu gehen und ein engeres Zusammenleben mit Hunden als unmöglich ansehen.

> Kleine Hunderassen werden schon allein durch ihre Historie als Schoßhunde eher im dichten Umfeld des Menschen akzeptiert, wohingegen der Bernhardiner auf dem Sofa wohl mehr auf Verwunderung stößt.

Ich möchte mich an dieser Stelle nicht pauschal für einen bestimmten Schlafplatz aussprechen oder andere Varianten verurteilen. Wie eng und harmonisch das Verhältnis zum Hund ist, muss nicht zwangsläufig vom Schlafplatz abhängen. In der Arbeitshundewelt ist es aber noch eher üblich, den Hund draußen oder zumindest nicht direkt im Wohnbereich schlafen zu lassen.

Hunde bevorzugen je nach Fellstruktur, Abstammung und Gewohnheit sehr unterschiedliche Schlafplätze. Ich kenne Hunde mit üppigem Fell, die freiwillig im Sommer im Keller schlafen wollen oder die lieber draußen liegen, als in der warm geheizten Wohnung. Für solche Hunde wäre es auf der anderen Seite eine Strafe, in einem warmen Bett oder auf einem Sofa liegen zu müssen. Umgekehrt wäre es für einen kurzhaarigen, wärmeliebenden Hund schwierig, im Winter in einem unbeheizten Zwinger schlafen zu müssen.

Ich denke, die Anforderung an einen Schafplatz sollte sein, dass der Hund sich dort wohlfühlt und ihn freiwillig und gern aufsucht. Es gibt Hunde, die suchen die direkte Nähe von Menschen, wenn sie schlafen wollen, während andere sich eher in einer gewissen Distanz zurückziehen möchten.

Als Rat sei noch gesagt, dass jeder, der seinen Hund im Bett schlafen lässt, vorsichtig damit sein sollte, in welchem Personenkreis er sich mit der Tatsache outet.

Wichtige Signale richtig erkennen

Hunde senden ständig wichtige Signale aus. Auch wir Menschen müssen erst einmal lernen, unsere Hunde zu beobachten, ihre Signale richtig zu erkennen und vor allem zu deuten.

Manchen Menschen wird dies leichter fallen, bei anderen erfordert es vielleicht mehr Training und/oder einen Dolmetscher. Als Dolmetscher kann oft ein Hundetrainer oder Verhaltenstherapeut fungieren. Er soll dem unwissenden Menschen helfen, die Signale, die sein Hund aussendet, besser zu verstehen und zu deuten. Dies kann in bestimmten Phasen einer Hund-Mensch-Beziehung äußerst hilfreich sein. Ziel muss aber immer sein, dass der Mensch nicht dauerhaft auf die Hilfe des Dolmetschers angewiesen ist, sondern selbst seine Fähigkeiten auf diesem Gebiet so weit ausbaut, dass er die alltäglichen Abläufe mit seinem Hund regeln kann und die wichtigsten Bedürfnisse und Ausdruckmöglichkeiten seines Hundes erkennt.

Eine gute Möglichkeit, sich zu schulen, ist natürlich die Lektüre der thematisch passenden Literatur. Ein weiteres gutes Mittel ist die Selbstschulung zum Beispiel mithilfe von Videos. Hierfür kann man selbst Videos von den eigenen Hunden, im Freundeskreis oder auch von fremden Hunden drehen. So hat man die Möglichkeit, sich einzelne Situationen und angewendete Ausdrucksmittel der Hunde immer wieder anzusehen. Geeignet sind auch die zahlreichen (Kurz-)Filme, die auf den verschiedenen Internetplattformen anzusehen sind. Teilweise wird dabei sogar beschrieben, welche Verhaltensweisen der oder die Hunde zeigen. Aber Vorsicht, nicht immer entsprechen diese Beschreibungen, die teilweise von Amateuren erstellt werden, auch den tatsächlichen Abläufen und Verhaltensweisen, die die Hunde zeigen.

Im nächsten Kapitel werden die häufigsten Ausdrucksverhaltensweisen von Hunden gezeigt und ausführlich erklärt. So werden Sie vielleicht das eine oder andere Verhalten Ihres Hundes demnächst mit anderen Augen sehen und feststellen, mit wie vielen feinen Nuancen sich Hunde mitteilen können – sowohl Ihnen gegenüber als auch bei der Begegnung mit Artgenossen.

Typisches Ausdrucksverhalten von Hunden

Die Ausdrucksweise eines Hundes wird bestimmt durch eine Kombination aus Körpersprache, Mimik, Lautsprache und Kommunikation durch Gerüche. Dabei können die feinsten Nuancen darüber entscheiden, wie die verschiedenen Verhaltensweisen ausfallen und was sie zu bedeuten haben. Für das Rudeltier Hund spielt das Sozialverhalten hierbei eine besonders wichtige Rolle. Gegenüber von Artgenossen, aber auch Menschen, die für das Haustier Hund ja ebenso zu Sozialpartnern geworden sind, gibt es eine Reihe komplexer Verhaltensweisen, die eine besondere Bedeutung haben.

Der enge Sozialkontakt spielt für Hunde eine äußerst wichtige Rolle.

Im Folgenden werden die häufigsten Arten des Ausdrucksverhaltens von Hunden gezeigt und erklärt. Manche dieser Verhaltensweisen zeigen Hunde sowohl Menschen als auch Artgenossen oder sogar anderen Tieren gegenüber. Andere Verhaltensweisen sind dagegen sehr artspezifisch und sind nur beim Begegnen von mehreren Hunden zu beobachten. Und dann gibt es noch einige Verhaltensweisen, die geprägt sind durch das jahrtausendelange Zusammenleben mit und durch die Anpassung an den Menschen, sodass sie nur von Hunden im Kontakt mit uns Menschen gezeigt werden.

Alle in diesem Kapitel vorgestellten Verhaltensweisen können dem sogenannten agonistischen Verhalten zugeordnet werden. Hierzu zählen sowohl aggressive als auch defensive Verhaltensweisen, das heißt sowohl Angriffs- als auch Fluchtverhalten. Im Einzelnen sind das Imponieren, Drohen, Angreifen, Verteidigen, Beschwichtigen, Unterwerfen und Fliehen. Auch Übersprunghandlungen werden dazugerechnet.

!

Was bedeutet agonistisches Verhalten?
Biologisch betrachtet gehören sowohl das Drohen als auch das Beschwichtigen zum sogenannten „agonistischen Verhalten". Hiermit bezeichnet man das Verhalten bei der Begegnung zweier Artgenossen, wenn eine rivalisierende Situation damit im Zusammenhang steht. Beispiele hierfür sind das Erheben von Revieransprüchen oder einem bestimmten Platz in der Rangordnung, das Unterschreiten der Individualdistanz oder die Konkurrenz um Nahrung oder ein begehrtes Spielzeug, wie es auch durchaus bei Hunden vorkommen kann. Agonistisches Verhalten ist sehr sinnvoll im täglichen Überlebenskampf: Es sichert die lebensnotwendigen Ansprüche wie Nahrung, Territorium, Fortpflanzungspartner, Schutz der Nachkommen und des eigenen Körpers sowie Aufbau und Erhaltung der Rangordnung.

Menschen neigen oft dazu, einen Hund, der sich unterwirft oder flieht, als feige oder schwach zu bezeichnen. Das drohende oder aggressive Verhalten wird dagegen auch meist als negativ angesehen. Bei natürlich lebenden Wildtieren sollten jedoch sowohl Kampf als auch Flucht ebenbürtig und wertfrei betrachtet werden. Welche Strategie angewandt wird, hängt davon ab, wie bedeutend die Ressource und wie motiviert das Tier ist. Ein hungriges Tier wird seine Beute sicherlich vehementer verteidigen als ein sattes Tier.

Da der Hund aber nicht mehr in freier Natur um sein Überleben kämpfen muss, gibt es für ihn eigentlich nur selten einen Grund, agonistisches Verhalten zu zeigen. Dennoch sind die entsprechenden komplexen Verhaltensweisen bei ihm noch so verankert, dass sie jeden Tag in den unterschiedlichsten Situationen zum Einsatz kommen, oft zum Leidwesen seines zweibeinigen Rudelführers. Denn in der heutigen Gesellschaft bringt es nicht selten Ärger und Stress für alle Beteiligten, wenn es zum Beispiel tatsächlich zu einer Rauferei kommt.

Das Wohlfühlverhalten

Wie sieht ein Hund aus, der sich wohlfühlt? Hierzu kann es ganz verschiedene Bilder geben, wie zum Beispiel der Hund wälzt sich auf dem Rücken oder er liegt einfach auf dem Rücken.

Er kann auch einfach nur daliegen und einen zufriedenen Eindruck vermitteln. Er kann auch herumrennen und dadurch seine pure Lebensfreude ausdrücken.

Hunde, die sich wohlfühlen, haben auch ganz spezielle Gesichtsausdrücke: Sie können genussvoll die Lefzen verziehen oder haben einen eher neutralen Ausdruck. Sie können auch „strahlen" und damit ihre Lebensfreude vermitteln.

Denken Sie mal kurz darüber nach, wann Sie der Meinung sind, dass Ihr Hund sich rundum wohlfühlt.

Das ist ein eindeutiges Signal dafür, dass sich der Hund wohlfühlt.

Die richtige Individualdistanz

Die Entfernung zu Artgenossen und auch zu Menschen ist ein ganz wichtiger Faktor, der das Verhalten eines Hundes enorm beeinflussen kann. Durch geringe Veränderungen der Distanz kann nämlich eine schlagartige Veränderung des Verhaltens eintreten. Besonders betroffen davon sind Angst- und Aggressionsverhalten.

Ein Schlüsselbegriff dazu ist Individualdistanz. Hiermit ist die Entfernung zu einem Artgenossen (und letztlich auch zu einem Menschen) gemeint, die ein Hund noch duldet, ohne aggressiv zu reagieren. Abhängig von Charakter und Typ kann diese Distanz ganz unterschiedlich sein, ist somit individuell unterschiedlich.

Bei ursprünglichen Meutehunden, die immer auf engstem Raum in einem größeren Rudel lebten, ist im Erbgut eine sehr hohe Reizschwelle diesbezüglich verankert. Solche Hunde haben somit eine geringe Individualdistanz und reagieren nur negativ – wenn überhaupt –, wenn sie sehr eng bedrängt werden. Hunde, die dagegen für bestimmte Schutzdienste gezüchtet wurden, haben eine wesentlich niedrigere Reizschwelle, das heißt, bei ihnen ist die Individualdistanz auch wesentlich größer.

Die Individualdistanz wird nicht nur durch die körperliche Nähe bestimmt, sondern auch durch den Blickkontakt. Wendet ein Hund den Blick von seinem Gegenüber ab, wird die ganze Situation etwas entspannt und die Begegnung verläuft stressfreier, auch wenn die Distanz relativ gering ist. Starrt ein Hund – oder ein Mensch – den Kontrahenten dagegen direkt an, läuten schon aus etwas größerer Entfernung die Alarmglocken.

Das Abwenden deutet darauf hin, dass hier die Individualdistanz unterschritten wurde.

Die Individualdistanz lässt sich in zwei verschiedene Zonen unterteilen, es gibt sozusagen zwei imaginäre Grenzen. Wird die äußere Grenze überschritten, reagiert der Hund mit Meideverhalten. Die Folge ist, er weicht dem anderen Hund oder dem Menschen aus.

Das klassische Beispiel erlebt man häufig beim Spazierengehen. Jemand geht mit seinem Hund spazieren und eine fremde Person kommt auf ihn zu und möchte den Hund streicheln. Wenn der Hund nicht gerade zu der Kategorie gehört, die auf jeden Fremden zurennt und stürmisch begrüßt, wird er eher zurückweichen, weil für ihn die kritische Distanz unterschritten wurde. Wenn die fremde Person dann dieses eindeutige Signal des Hundes nicht beachtet, weil sie keine Erfahrung im Umgang und der Kommunikation mit Hunden hat, und sich noch mehr nähert und der Hund keine weitere Fluchtmöglichkeit hat, kann es sein, dass er mit Aggression reagiert. Dann wurde nämlich die innere Grenze überschritten und der Hund hat keine andere Möglichkeit mehr, als sich zu verteidigen nach dem Motto: Angriff ist die beste Verteidigung.

Besonders häufig tritt dieses Problem natürlich auf, wenn Hunde angeleint sind, da sie dann kaum oder gar nicht ausweichen können. Und besonders ausgeprägt ist die Reaktion, wenn ein anderer fremder oder rivalisierender Hund entgegenkommt. Hinzu kommt dann natürlich noch, dass sich der Hund durch die Verbindung aufgrund der Leine mit seinem Menschen noch stärker fühlt oder noch mehr sein Schutztrieb geweckt wird, um auch seinen Menschen zu beschützen. Welche Art hier überwiegt, hängt vom Charakter des einzelnen Hundes ab.

Solch eine Situation führt dann häufig zum Bellen von einem oder beiden Hunden und schließlich zu einem aggressiven Angriffsverhalten, wenn sich die Gegner noch mehr nähern und vielleicht sogar ihr Gegenüber mit einem Blick fixieren. In den meisten Fällen lässt sich dieses Problem ganz einfach lösen, indem man die Hunde rechzeitig in Absprache mit dem anderen Hundehalter ableint. Das funktioniert allerdings nur, wenn genügend Raum vorhanden ist, beide Hunde gut sozialisiert sind und die Kommunikation untereinander beherrschen. Geht man dann einfach in angemessenem Abstand an den anderen vorbei, ohne ihnen viel Beachtung zu schenken, wird sich das auf den eigenen Hund übertragen und er wird zügig seinem Menschen folgen – und schon ist ein möglicher Konflikt vermieden.

Besteht allerdings nicht genügend Platz zum Ausweichen, um die notwendige Individualdistanz zu erreichen, sollten beide Hundeführer zügig und ruhig mit ihrem angeleinten Hund auf der Außenseite weiterlaufen und mithilfe von Ansprache, Leckerli oder Angebot eines Spielzeugs die Aufmerksamkeit ihres Hundes auf sich lenken.

Bei diesem häufig auftretenden Problem des an der Leine aggressiven Hundes ist es ganz wichtig, mehr Vertrauen zum Hund aufzubauen. Wenn der Hundehalter selbst unsicher oder ängstlich ist, wird er dieses Problem kaum lösen können.

Wer überhaupt nicht mehr wagt, seinen Hund abzuleinen, und ihm dadurch die Möglichkeit für einen artgerechten sozialen Kontakt mit einem Artgenossen nimmt, kann durch die ständigen Konflikte, die den Hund belasten, neurotische Schäden hervorrufen. Außerdem verbessert ein lebenslanger Leinenzwang bei einem Hund kaum seine Ausgeglichenheit.

Wichtig!
Haben Sie jetzt bitte keine Bedenken, dass Sie bei Ihrem eigenen Hund die Individualdistanz vielleicht unterschreiten. Wenn der Hund zu Ihnen Vertrauen hat und Sie ein souveräner Rudelführer für ihn sind, wird er sogar die körperliche Nähe zu Ihnen genießen. Das aggressive Verhalten aufgrund Unterschreiten dieser Distanz bezieht sich vor allem auf fremde und unter Umständen Angst einflößende oder rivalisierende Lebewesen.

Im Folgenden finden Sie einige Beispiele, wie Hunde einem mitteilen, ob sie die Distanz zu Ihrem Gegenüber verringern oder vergrößern möchten.

- Der Hund möchte die Distanz zum Gegenüber verringern. Das kann freundlich oder auch aggressiv motiviert sein. Entsprechend zeigt der Hund das völlig unterschiedlich an.
- Der Hund möchte die Distanz zum Gegenüber vergrößern. Hier wird ein ängstlicher Ausdruck überwiegen.
- Eine andere Möglichkeit ist noch, dass der Hund ein Verfolgungsspiel auslösen möchte und deshalb die Distanz vergrößert.

Dieser Hund fordert zum Spielen auf und deutet dadurch an, dass er die Distanz verringern möchte.

Hier will der Hund die Distanz zum Gegenüber vergrößern, und zwar ausgelöst durch sein Angstverhalten.

Der Hund möchte zu einem Verfolgungsspiel animieren und vergrößert deshalb die Distanz.

Wichtig ist für den Menschen also zu erkennen, ob der Hund sich in einem Bereich befindet, in dem er sich wohlfühlt, oder ob das Unwohlsein in der Stimmung überwiegt und der Hund diese Signale zeigt. Außerdem sollte der Mensch natürlich wissen, ob der Hund die Distanz zu einer Bezugsperson verringern oder vergrößern will. Wenn man die Ausdrucksweise seines Hundes hierbei nicht richtig erkennt, kann es durchaus zu echten Missverständnissen kommen.

Begrüßungsverhalten und Kontaktaufnahme

Muss ein Hund für eine Zeit lang allein bleiben und kommt man dann nach Hause, wird man in der Regel überschwänglich begrüßt, was natürlich je nach Größe und Wesen des Hundes unterschiedlich ausfallen kann. Manche können vor lauter Freude kaum still halten, springen an einem hoch oder holen ein Spielzeug, einen Schuh oder eine Decke, um dem geliebten Menschen etwas zur Begrüßung zu bringen. Andere bleiben etwas verhaltener, drücken aber mit ihrer Mimik und Körperhaltung ihre Freude aus.

Diese durch Emotionen bestimmte Begrüßung erfolgt auch, wenn der Hund – egal ob zu Hause oder draußen – einem guten Freund oder anderen lieben Menschen, die nicht zum Rudel gehören, begegnet. Auch hier kann die Begrüßung recht stürmisch ausfallen. Das Lächeln, wie es schon vorher beschrieben wurde, gehört auch zu dem Begrüßungsverhalten, wird aber nur gegenüber ausgewählten Personen, in der Regel den engsten Bezugspersonen, gezeigt. Das ist mit ein Beweis dafür, dass auch Hunde durchaus Unterschiede machen im Umgang mit verschiedenen Menschen. Den Personen, denen sie am nächsten stehen, wird auch die meiste Zuwendung vonseiten des Hundes zuteil.

Ein Hund, der andere freundlich begrüßt, hat mit diesen Personen gute Erfahrung gemacht und verbindet mit ihnen etwas Positives. Im Idealfall hat er überhaupt keine schlechten Erfahrungen mit Menschen gemacht und ist zu jedem freundlich.

Diese Art der Begrüßung zeigen Hunde nur gegenüber Menschen. Das Treffen des besten Hundekumpels oder der Angebeteten erfolgt nach einem anderen Verhaltensmuster. Hiermit zeigt sich, dass Hunde sich an unser Verhalten angepasst haben und dass wir für sie eine andere Stellung in der Rangordnung annehmen. Uns gegenüber zeigen sie das typische Verhalten des Rangniedrigeren, der seinen Rudelführer milde stimmen möchte. Anders verhalten sich nur Hunde, die unsicher sind, da sie keine klare Stellung im Familienrudel haben und sich nicht auf ihren Rudelführer verlassen können. Häufig wird das heute auch als Dominanzverhalten bezeichnet, was aber in letzter Zeit infrage gestellt wurde. Denn neueste Erkenntnisse zeigen, dass Hunde gar nicht immer das Bedürfnis haben zu dominieren und ständig um ihre Rangordnung kämpfen möchten, sondern froh sind, wenn sie eine klare Position einnehmen, die ihnen Sicherheit und – menschlich betrachtet – ein sorgloses Leben bietet.

Hochspringen und Mundwinkellecken

Wenn Hunde ihre geliebten Menschen begrüßen, versuchen sie häufig, an uns hochzuspringen und dabei unser Gesicht mit der Schnauze zu stupfen und es abzulecken. Dies ist eine ritualisierte Verhaltensweise, die sich vom Mundwinkellecken der Welpen ableitet und beim Hund das ganze Leben lang erhalten bleibt.

Wenn Welpen nicht mehr ausschließlich gesäugt werden und schon andere Nahrung zu sich nehmen, lässt die Mutter sie immer länger allein. Wenn sie dann zurückkommt, wird sie von den Kleinen heftig bedrängt. Sie stupsen und lecken sie in der Schnauzengegend, um sie zum Hochwürgen von Futterbrocken zu animieren. Denn bei ihren Vorfahren kam die Mutter von der Jagd und brachte ihrem Nachwuchs Nahrung mit.

Das Mundwinkellecken ist ein ritualisiertes Verhalten, das auch bei erwachsenen Hunden erhalten bleibt.

Dieses Verhalten hat sich ritualisiert und wird auch von erwachsenen Hunden sowie von Wölfen gezeigt. Sie benutzen als rangniedrigere Rudelmitglieder diese Geste, um die dominanteren Rudelmitglieder milde zu stimmen und ihre Unterwerfung zu demonstrieren, wodurch die Rangordnung und der Frieden innerhalb der Gruppe gefestigt werden. Somit akzeptiert ein Hund einen Menschen, dem er das Gesicht bei der Begrüßung ablecken möchte, ganz klar als Rudelführer oder zumindest ranghöher. Also warum sollte man dieses Verhalten unterbinden?

Weil der Hund das Mundwinkellecken unbedingt zeigen möchte, versucht er natürlich bei uns hochzuspringen. Er will einfach in die Nähe unseres Gesichtes gelangen, um dieses ritualisierte Futterbetteln durchzuführen. Ein selbstbewusster Hund, der sich dem Menschen gegenüber dominant und eher abweisend verhält, wird diese Verhaltensweise kaum zeigen. Je enger aber die Bindung zwischen Mensch und Hund ist, umso häufiger neigt er zum Ablecken, und zwar nicht nur des Gesichts, sondern auch Hals, Kopf oder Hände werden gern abgeleckt.

Hunde springen vor allem an Menschen hoch, weil sie an deren Mundwinkel gelangen möchten.

!

Das unerwünschte Hochspringen

Das Hochspringen und oft auch das damit verbundene Lecken sind Verhaltensweisen, die trotz ihrer positiven Bedeutung von vielen Menschen nicht gewünscht sind. Wenn auch Sie das nicht möchten, gehen Sie beim Begrüßen des Hundes in die Hocke und loben Sie Ihren Hund – aber nicht zu überschwänglich –, wenn er nicht hochspringt. Durch Streicheln, ein Spielzeug oder ein Leckerli lässt sich der Hund vom Lecken ablenken und genießt Ihre Zuwendung. Ihn aber ständig wegen dieses Verhaltens hart zu maßregeln, ist kontraproduktiv. Denn der Hund will damit ja seinen Rudelführer freundlich stimmen und dieser sollte positiv darauf reagieren, um die Bindung zu bestätigen. Wer ständig seinem Hund dieses Verhalten verbietet und ihn schimpft, verwirrt ihn damit und kann den Umstand, dass der Hund lecken möchte, eher noch verstärken, weil der Hund uns dann noch umso heftiger beschwichtigen möchte.

Lecken als Beschwichtigung

Es gibt noch eine weitere Variante des Leckens, und zwar wenn kein Kontakt zu einem anderen Hund oder Menschen besteht. Das Lecken wird dann häufig als sogenannte Intentionsbewegung, das heißt als unvollständig ablaufende Verhaltensweise ausgeführt. Hierbei leckt sich der Hund über die Schnauze oder zeigt nur kurz die Zunge als Zeichen von Unsicherheit oder Angst und zur Beschwichtigung. Aus Sicht des Menschen betrachtet sieht es oft auch aus, als wäre der Hund verlegen, was ja durchaus einer gewissen Unsicherheit entspricht. Daher gehört diese Art des Verhaltens auch zu den Signalen für die Beschwichtigung, auf die im Folgenden näher eingegangen wird.

Sowohl Körperhaltung, Mimik als auch das Zeigen der Zunge sind Anzeichen für eine gewisse Unsicherheit.

Stress, Beschwichtigung und Übersprungshandlung

Wohl noch nie vorher tauchten diese drei Begriffe so häufig in Verbindung mit Hunden in den Medien auf wie heutzutage. Das führte sogar so weit, dass alle möglichen völlig normalen Verhaltensweisen, die etwas vom normalen „Standardverhalten" abweichen, gleich als Stresssymptome oder Beschwichtigung interpretiert werden. Viele Hundehalter haben dann sofort ein schlechtes Gewissen und glauben, ihr Hund sei total gestresst oder gar gestört.

Natürlich ist es richtig, dass es so einige Verhaltensweisen gibt, die außer ihrem physiologisch begründeten Auftreten – wie zum Beispiel Gähnen oder Zwinkern mit den Augen – auch ein Zeichen für Stressbewältigung oder Beschwichtigung sind. Sie gehören aber auch zum normalen Verhalten eines Hundes und sind sogar notwendig, damit er in der heutigen Zeit mit seinem Umfeld zurechtkommt.

Was bedeutet Stress?

Seien Sie mal ganz ehrlich: Wie oft sind Sie bestimmten Stresssituationen im Beruf, im Straßenverkehr, in der Familie oder durch seelische oder körperliche Belastungen ausgesetzt und reagieren dann entsprechend anders als in völlig entspannten Situationen? Da gibt es aber niemanden, der sich darüber Gedanken macht, wie er Ihnen den Alltag erleichtern kann. Jeder ist selbst dafür verantwortlich, den Stress zu verarbeiten und damit zurechtzukommen.

Der Körper hat da ein ganz eigenes System entwickelt, mit dem er sich vor Stress schützen kann, und zwar werden alle Körperreserven dafür bereitgestellt, solche Situationen zu bewältigen – entweder durch Flucht oder Kampf. Auf einmal ist man zu körperlichen Leistungen fähig, die wir unter normalen Umständen nie erbringen würden, wie enorme Kraft oder Schnelligkeit. Ist dann die Situation vorbei, wird der Körper relativ schnell wieder „runtergefahren“ und benötigt nun eine gewisse Zeit, um sich zu erholen und die Reserven wieder aufzufüllen. Dies ist ein überlebenswichtiger Mechanismus, der in der heutigen schnelllebigen Zeit wesentlich häufiger zum Tragen kommt im Vergleich zu früher, als die Menschen mit wesentlich weniger Veränderungen und Stresssituationen im Alltag konfrontiert wurden.

Hier deutet schon einiges darauf hin, dass sich der Hund gestresst fühlt.

Und ähnlich verhält sich das auch beim Hund. Noch vor nicht allzu langer Zeit wurden Hunde für bestimmte Zwecke verwendet und gezielt gezüchtet. Sie hatten ihre Aufgaben zu erfüllen und wenn sie das gut machten, hatten sie zwar einen anstrengenden, aber auch geregelten Alltag und konnten sich dann nach Feierabend zur Erholung zurückziehen.

Heute sind die meisten Hunde zwar „arbeitslos" geworden, werden aber dennoch – oder gerade deshalb – mit viel mehr Umweltreizen konfrontiert. Viele leben in dicht besiedelten Gebieten, müssen sich an alle möglichen Menschen, Tiere, Gerüche, Geräusche gewöhnen und sich natürlich angemessen verhalten. Ein guter Grundgehorsam und eine solide Erziehung sind dabei fast Pflicht. Daher ist es ganz wichtig, dass Hunde von klein auf an dies alles gewöhnt werden und auch von Anfang an richtig erzogen werden.

Dennoch gibt es für sie auch immer wieder mehr oder weniger große Stresssituationen. Manche erschrecken sich, wenn sie ungewohnte laute Geräusche hören oder ihnen ein bisher unbekanntes „Monster" in Form eines Treckers oder Mähdreschers entgegenkommt. Andere sind so sensibel, dass schon ein lautes Wort ihres Menschen bei ihnen Stress verursacht. Wieder andere wurden vielleicht im Welpenalter nicht gut sozialisiert und bekommen Angst, wenn sie anderen Hunden begegnen. Diese Liste könnte man nun unendlich ausweiten.

Was ich damit aber sagen will: Es bringt nichts, wenn wir unsere Hunde in Watte packen und vor allen Umwelteinflüssen bewahren wollen. Wohl dosiert sollten sie mit möglichst vielen verschiedenen Situationen konfrontiert werden – je früher, desto besser. Umso weniger werden sie später die typischen Stresssymptome zeigen. Dennoch werden wir es nicht vermeiden können, dass auch unsere Vierbeiner mal gestresst sind. Aber auch damit müssen sie umgehen können. Denn so wie früher unsere Vorfahren um ihr Überleben kämpfen mussten und dabei durch

Dieser Hund fühlt sich nicht wohl. Er zeigt Signale des Unwohlseins und auch Zeichen von Stress.

die Stressreaktionen des Körpers unterstützt wurden, gehört gerade heute auch der richtige Umgang mit Stresssituationen zum Alltag und sorgt mit der Zeit dafür, dass unsere Hunde immer besser lernen, mit diesen Situationen umzugehen, und uns schließlich wesentlich gelassener und ruhiger begleiten können.

Was bedeutet Beschwichtigung?

Ein Beschwichtigungsverhalten tritt immer auf, wenn der Hund sich bedroht fühlt oder Angst vor einer Auseinandersetzung hat und sein Gegenüber – sowohl Artgenosse als auch Mensch – milde stimmen möchte. Fühlt sich ein Hund bedroht, versucht er die Aggression des Angreifers abzubauen, indem er ein Verhalten zeigt, das genau dem Gegenteil des Drohverhaltens entspricht. Wird er zum Beispiel angestarrt, wendet er den Kopf zur Seite und schaut weg. Will der Gegner durch seine Körperhaltung möglichst groß wirken, wird der Bedrohte sich klein machen.

Damit kombiniert ist die Absicht, sich dem anderen gegenüber wie ein Welpe zu verhalten. Denn normalerweise zeigen erwachsene Tiere dem jungen Nachwuchs gegenüber keine ernsthaften Aggressionen. Die Erziehungsmethoden von unseren Vierbeinern Welpen gegenüber können zwar recht rau sein, aber in der Regel werden Welpen aus dem eigenen Rudel nicht verletzt. Zeigt ein unterlegener Hund also Welpenverhalten, löst er dadurch eine Art Aggressionshemmung aus. Hierbei unterscheidet man noch zwischen aktiver und passiver Unterwerfung.

Passive Unterwerfung

Das „Sich-klein-Machen" und das Präsentieren der Bauchseite gehören zur passiven Unterwerfung. Der Hund duckt sich, zieht Kopf und Rute ein und krümmt den Rücken, um möglichst klein zu wirken. Reicht das noch nicht aus, wirft er sich auf den Rücken und präsentiert die Bauchseite. So wirkt er wir ein Welpe. Sehr ängstliche Hunde geben dabei noch etwas Urin ab. Dies ist die stärkste Art der Unterwerfung. Dadurch wird normalerweise bei Artgenossen eine Beißhemmung ausgelöst. Sie stellt aber nicht, wie oft behauptet wird, das Präsentieren der verletzlichen Kehle dar.

Das „Sich-Klein-Machen" ist ein Bestandteil der passiven Unterwerfung.

Aktive Unterwerfung

Bei der aktiven Unterwerfung verfolgt der Hund eine andere Strategie: Er versucht, durch klare Beschwichtigungsgesten aktiv dem bedrohlichen Gegenüber seine Unterwerfung und seine friedlichen Absichten zu zeigen, wobei dies auch wieder vom Welpenverhalten abgeleitet ist. Der Hund macht sich auch klein, stupst und leckt aber die Schnauze des Artgenossen von unten an, so wie Welpen es zum Futterbetteln bei Erwachsenen anwenden (siehe Seite 114 „Mundwinkellecken").

Durch diese Möglichkeiten, seine Unterwerfung und seine friedliche Absicht zum Ausdruck zu bringen, ist es Hunden möglich, einen engen sozialen Kontakt mit Artgenossen zu pflegen, ohne ständig Kämpfe austragen zu müssen – eine wichtige Voraussetzung für die Überlebensstrategie eines Rudels.

Mit dem Anstupsen drückt der Hunde seine friedliche Absicht aus. Das gehört zur aktiven Unterwerfung.

Im Folgenden werden die wichtigsten Verhaltensweisen aufgeführt, die als Übersprungshandlungen und Beschwichtigungssignale interpretiert werden können, wobei die meisten Verhaltensweisen nicht nur eine bestimmte Bedeutung haben, sondern oft fließend ineinander übergehen und durchaus mehrere Ursachen haben können.

!

Übersprungshandlungen

Der Begriff Übersprungshandlung stammt aus der Verhaltensbiologie. Es ist eine Verhaltensweise, die plötzlich eine Handlungskette unterbricht, aber in dieser Situation eigentlich völlig sinnlos ist und ihre eigentliche biologische Funktion nicht erfüllt. Zu den typischen Übersprungshandlungen von Hunden zählen das Gähnen, das Sich-Kratzen und das Abwenden mit gleichzeitigem intensivem Schnüffeln.

Bei Hunden treten solche Übersprungshandlungen auf, wenn sie besonders verunsichert sind und nicht wissen, wie sie sich verhalten sollen, oder um Aggressionen bei Artgenossen zu dämpfen. Somit kann eine Übersprungshandlung auch mit den sogenannten Beschwichtigungssignalen verglichen werden. Sie kann aber auch auftreten, wenn kein Konflikt mit einem Artgenossen oder einem Menschen vorhanden ist, sondern der Hund durch eine ganz andere Situation verunsichert wird.

Gähnen

Wie viele andere Tiere gähnen Hunde auch. Es ist aber nur selten ein Zeichen von Müdigkeit oder Sauerstoffmangel, sondern gilt eher dem Stressabbau oder zur Beruhigung. Daher wird Gähnen heute als das klassische Beschwichtigungssignal und Stresssymptom angesehen. Seine Bedeutung kann aber sehr vielschichtig sein.

Will zum Beispiel ein Hund keinen Ärger mit einem Artgenossen haben und einem Konflikt aus dem Wege gehen, dreht er seinen Kopf zur Seite und gähnt. Dadurch wird der andere Hund sozusagen mental entwaffnet und zeigt kein Aggressionsverhalten.

Besonders souveräne, selbstsichere Hunde zeigen dieses Verhalten auch, wenn sie provoziert werden. Das Gähnen ist dann aber kein Zeichen von Unterwerfung, sondern drückt eher Gleichgültigkeit aus, wodurch aber auch das Drohverhalten gedämpft wird und der Herausforderer manchmal sogar recht ratlos wird. Auf alle Fälle ist dann in der Regel die Gefahr eines Kampfes abgewendet.

Auch gegenüber Menschen, die dem Hund vielleicht während einer Erziehungsübung eine bestimmte, für ihn nicht ganz leichte Aufgabe abverlangen, wie zum Beispiel das ruhige Sitzen oder Abwarten, bis er schließlich an der Reihe ist, wird häufig mit einem Gähnen quittiert. Ob das auch eine Beschwichtigung ist, sei dahingestellt. Es könnte aber durchaus den Eindruck erwecken, der Hunde möchte uns einfach seine totale Langeweile demonstrieren. Wer weiß?

Nicht immer ist das Gähnen ein Beschwichtigungssignal.

Aber Gähnen dient nicht ausschließlich zur Beschwichtigung, sondern ist auch unabhängig von Konfliktsituationen zu beobachten. Neuere Untersuchungen haben sogar gezeigt, dass sich Hunde noch mehr zum Mitgähnen anstecken lassen als Menschen. Was der Grund für dieses ansteckende Gähnen ist, weiß man noch nicht. Da man sich dagegen nicht wehren kann, scheint es ein angeborener Mechanismus zu sein. Manche halten es aber für das Äußern eines erlernten Mitgefühls. Auf alle Fälle ist das Mitgähnen des Hundes wieder ein Hinweis dafür, wie sehr er sich an den Menschen angepasst hat und wie gut er dessen kommunikative Hinweise interpretieren kann.

Kratzen

Ähnlich wie das Gähnen ist auch das demonstrative Sich-Kratzen eine entwaffnende Verhaltensweise. Setzt sich ein bedrohter oder provozierter Hund einfach hin und kratzt sich hinter dem Ohr, wird er kaum vom Herausforderer angegriffen. Auch wenn der Mensch einen Hund ermahnt oder ihm ein Kommando gibt und dieser sich dann hin und her gerissen fühlt zwischen Ausführen des Kommandos und Ungehorsam, kann es zu dieser Übersprungshandlung kommen.

Das Kratzen ist wie bei Menschen auch bei Hunden oft eine Übersprungshandlung.

Merken Sie, auch hier gibt es wieder Gemeinsamkeiten mit uns Menschen. Denn wenn jemand zum Beispiel eine schwierige Aufgabe zu bewältigen hat und noch angestrengt über die richtige Lösung nachdenkt, wird er sich häufig am Kopf kratzen, obwohl ihm dieses Kratzen bei der Problemlösung sicher nicht helfen wird.

Abwenden

Das Abwenden des Kopfes oder ganzen Körpers in Verbindung mit einem anschließenden ganz intensiven Schnüffeln am Boden – wo es vielleicht gar nichts Spannendes zu riechen gibt – ist auch ein typisches Verhalten für einen Hund, der in seinem Innern hin und her gerissen ist.

Durch das Abwenden wird die Situation erst einmal entspannt.

Begegnen sich zum Beispiel zwei etwa gleichrangige Hunde, wollen sie einerseits dem anderen vielleicht ihre Stärke demonstrieren, andererseits haben sie aber auch Respekt vor ihm oder würden ihn sogar gern zu einem Spiel auffordern. Um die Situation zu entspannen, wenden sich die Hunde dann voneinander ab, um scheinbar ganz interessiert am Wegesrand zu schnüffeln, Gras zu fressen oder irgendetwas anderes völlig Sinnloses zu tun. Dadurch ist die Situation entspannt und jeder geht unbehelligt seines Wegs. Manchmal folgt auf dieses gemeinsame „Schnüffelerlebnis" auch eine freundliche Kontaktaufnahme und es kommt tatsächlich zu einem gemeinsamen Spiel.

Präsentieren des Hinterteils

Eine äußerst freundliche Geste gegenüber Artgenossen oder Menschen ist das Präsentieren des Hinterteils. Der Kopf mit der gefährlichsten Waffe eines Hundes, nämlich den Zähnen, wird abgewandt und die ungefährliche Seite als Vertrauensbeweis – denn in der Position wäre der Hund verwundbar und könnte sich kaum wehren – zugewandt.

Sie alle werden das sicher kennen. Streichelt man seinen Hund, streckt er einem häufig das Hinterteil hin, um diese Streicheleinheiten zu genießen. Aber vermutlich will der Hund als Opportunist dadurch auch einen gewissen Vorteil ziehen, denn der Rücken ist die Körperregion, an die er selbst am schlechtesten drankommt. Daher genießen Hunde besonders diese „Streichelmassage" im hinteren Rückenbereich, da es ihnen offensichtlich gut tut, so wie wir auch eine gute Rückenmassage genießen und uns dabei völlig entspannen können.

Das Präsentieren des Hinterteils ist einerseits ein Vertrauensbeweis, andererseits genießt der Hund dabei auch die „Wohlfühlmassage" an seinem Hinterteil.

Schlichten und Splitten

Eine ganz besondere Verhaltensweise, die nur beobachtet werden kann, wenn sich mehr als zwei Hunde begegnen, ist das Trennen von zwei Kontrahenten durch einen dritten Hund. Dieses Verhalten ist geschlechtsunabhängig.

Hier zur Verdeutlichung ein typisches Beispiel, wie es auch auf dem Foto auf Seite 124 zu sehen ist: Zwei miteinander lebende Hunde – ein Rüde und eine Hündin – begegnen einem fremden Rüden. Dieser zeigt natürlich Interesse an der Hündin, will aber vor allem mit dem anderen Rüden die Rangordnung klären beziehungsweise sich möglichst selbstbewusst präsentieren. Da keiner von den Rüden klein beigibt oder sich entfernt, wird natürlich das gesamte Register von Körpersprache und Mimik gezogen, um den Rivalen zu beeindrucken oder einzuschüchtern und gleichzeitig auch seine Überlegenheit vor der Hündin zu präsentieren. Diese verhält sich ziemlich unbeeindruckt normal bis freundlich. Um aber eine mögliche Rauferei zwischen den Rüden, die irgendwann frontal mit Imponiergehabe gegenüberstehen, zu verhindern, geht die Hündin einfach dazwischen. Sie bildet sozusagen eine Barriere zwischen den beiden Rüden. Diese werden dadurch etwas verunsichert, lassen von ihrem übertriebenem Imponiergehabe ab und wenden sich schließlich zur Seite. Die Hündin hat hier sozusagen als Schlichter fungiert, um eine mögliche ernste Auseinandersetzung im Keim zu ersticken.

Die Hündin ist in diesem Fall die Schlichterin zwischen den beiden Rüden und sorgt so dafür, dass es nicht zu einer Auseinandersetzung kommt.

Was genau der Grund dafür ist, dass die Rüden sich beruhigen und die Situation entspannt wird, ist nur zu vermuten. Vielleicht möchten sie die Hündin nicht beunruhigen oder verletzen, vielleicht ist es ihnen auch „peinlich" (menschlich betrachtet), so ein ungehobeltes Verhalten zu zeigen, oder vielleicht wird in diesem Moment die Hündin ganz klar ranghöher eingeordnet und man fügt sich ihrer Anordnung, sich nämlich ohne Prügelei wie in einem vernünftigen Rudel zu einigen.

Dasselbe Verhalten konnte ich auch schon in einer anderen Konstellation beobachten, nämlich dass bei zwei Hündinnen ein Rüde dazwischenging, um auch in dem Fall einen möglichen Kampf zu verhindern.

Die Position des Schlichters wird in der Regel von souveränen, älteren, abgeklärten Hunden mit viel Lebenserfahrung und vielen Sozialkontakten eingenommen. Ein noch unerfahrener „Jungspund" kann diese Situation oft noch nicht richtig einschätzen oder würde vielleicht sogar durch seine ungestüme Art zu einer Eskalation führen. Auf alle Fälle kann man durch dieses Verhalten klar erkennen, wie gut die Kommunikation auch zwischen fremden Hunden mithilfe der feinsten Details bei Körpersprache und Mimik funktioniert. Übrigens spielt bei diesem Verhalten die Lautäußerung so gut wie keine Rolle. Es tritt höchstens ein leises Knurren von einem Kontrahenten auf, um dem Gegenüber mitzuteilen, dass er ihm nicht traut oder dass er die Individualdistanz unterschritten hat.

In diesem Fall will die Hündin verhindern, dass der Artgenosse Kontakt zu ihrem Menschen aufnimmt.

Ein ähnliches Verhalten lässt sich auch beobachten, wenn sich zwei Menschen sehr nahe kommen und der Hund sich dazwischen drängelt. Ob hier dieselben Auslöser eine Rolle spielen, ist nicht ganz klar. Versucht ein Hund, sich zwischen zwei Menschen zu drängen, die sich zum Beispiel gerade umarmen, wird es häufig als Eifersucht angesehen. Da Eifersucht aber nicht in das ursprüngliche Verhaltensrepertoire eines Hundes gehört, ist anzunehmen, dass der Grund für dieses Verhalten eher der Schutztrieb ist.

Die meisten Hunde haben ja zu ihrer Bezugsperson eine besonders enge Verbindung, auch wenn zum Familienrudel noch andere Menschen zählen. Somit kann ein Hund durchaus den Eindruck bekommen, dass der enge Körperkontakt seines Menschen zu einem anderen eine gewisse Gefahr bedeutet. Indem er sich dann zwischen die beiden Personen drängt, erschafft er einen gewissen Sicherheitsabstand. Dieses Verhalten muss also nicht unbedingt als negativ angesehen werden. Am besten wendet man sich dem Hund kurz zu und überzeugt ihn von der Ungefährlichkeit der Situation. Das wird im Normalfall schnell verstanden und der Hund zieht sich beruhigt wieder zurück. Lautes Schimpfen oder gar Strafe hilft dabei auf keinen Fall.

Eine ähnliche Verhaltensweise, die häufig als Splitten bezeichnet wird, tritt auf, wenn mehrere Hunde zusammen spielen. Hierbei handelt es sich meistens um ein Jagdspiel. Der Hund, der die Rolle des „Hasen" übernommen hat, wird spielerisch vom „Jäger" abgedrängt, wie es bei einer tatsächlichen Jagd auch der Fall wäre. Wenn dieses Absplitten mit direktem Körpereinsatz erfolgt und das „Opfer" sich zu sehr bedrängt fühlt, kann das auch zu einem Abbruch des Spiels und zum Entstehen von vorübergehenden Spannungen zwischen den Spielpartnern führen.

Hunde drängen auch in anderen Situationen Artgenossen ab, zum Beispiel wenn ein Hund seinen favorisierten Spielpartner von anderen Hunden abschirmen will. Es kann auch sexuell motiviert sein, in dem ein anderer Rüde davon abgehalten wird, einer Hündin näher zu kommen. Auch dieses Verhalten kann zu Spannungen führen, wenn sich der andere Rüde nicht in seiner Bewegung einschränken lassen möchte. Seltener kommt es vor, dass der Rüde die Hündin abschirmt und daran zu hindern versucht, zu anderen Rüden zu laufen.

Pföteln als Beschwichtigung

Das Pföteln ist eigentlich bei allen Hunden häufig zu beobachten und kann daher auch ganz einfach als Übung auf Kommando antrainiert werden. Ursprünglich ist es aber eine Beschwichtigungsgeste, die ein rangniedriger Hund gegenüber einem dominanten Artgenossen zeigt. Sie ist Bestandteil der aktiven Unterwerfung. Beim Spiel sowohl mit Artgenossen als auch mit Menschen benutzt der Hund das Pföteln als Aufforderung zum Mitspielen.

Im Kontakt mit Menschen hat sich das Pfötchengeben mittlerweile auch zu einer Art Bettelverhalten um Zuneigung, Streicheleinheiten oder Leckerbissen entwickelt. Denn wer kann dann schon einem Hund widerstehen? Somit erhält ein Hund, der die Pfote gibt, immer automatisch von uns Zuwendung. Auf alle Fälle ist das Pföteln ein Ausdruck von Demut oder Freundlichkeit.

Das Pföteln kann als Beschwichtigung dienen oder eine Spielaufforderung sein.

Dominanzgesten

Das zuvor beschriebene Pföteln ist klar eine Beschwichtigungsgeste, die vor allem auch Menschen gegenüber gezeigt wird. Nicht verwechseln sollte man dieses Pföteln aber damit, wenn ein Hund einem Artgenossen die Pfote auf die Schulter legt. Dies ist eine provozierende Geste und soll Überlegenheit demonstrieren, ist allerdings auch bei Hunden, die sich gut kennen, in Kampfspielen zu beobachten. Manchmal legt der dominante Hund statt der Pfote sogar ganz dreist seine Schnauze auf die Schulter des anderen.

Ist die Rangordnung zwischen den beiden aber noch nicht geklärt, kann es dann schon mal zu einer Rangelei kommen, weil sich der andere nicht einfach mit dieser untergeordneten Position abfindet.

Gelegentlich versuchen junge Hunde, die einem älteren Artgenossen begegnen, mit diesem Verhalten auszutesten, wie weit sie gehen können. Nicht selten werden sie dann in ihre Schranken verwiesen – eine wichtige Lektion in der Sozialisierungsphase.

Wenn sich zwei Hunde gut verstehen, lässt der Ranghöhere schon mal das Auflegen der Pfote von seinem Spielgefährten zu.

Aufreiten

Natürlich versucht ein Rüde bei einer Hündin aufzureiten, wenn er sie decken will. Es gibt aber noch sehr viele andere Situationen, in denen das Aufreiten zu beobachten ist, wobei es weder eine sexuelle Bedeutung hat noch der Fortpflanzung dient. Das Aufreiten kann nämlich auch ein Zeichen von Dominanz sein, und zwar nicht nur zwischen Rüde und Hündin – wobei auch die Hündin beim Rüden aufreiten kann –, sondern auch zwischen gleichgeschlechtlichen Hunden.

Das zuvor beschriebene Auflegen der Pfote ist für das Aufreiten sozusagen eine Art „Vorspiel“. Wenn der andere Hund das gestattet und sich nicht wehrt, akzeptiert er damit schon mal seine Unterlegenheit in der Hierarchie. Häufig erfolgt dann noch das Aufreiten.

Wehrt sich der Hund allerdings dagegen, muss die Rangordnung noch geklärt werden und es kann durchaus sein, dass im nächsten Moment der andere Hund versucht, seine Dominanz zu demonstrieren.

Oft versuchen Hunde, auch bei Menschen aufzureiten. Hat zum Beispiel ein Rüde „Liebeskummer“, weil eine Hündin in der Nachbarschaft läufig ist, kann es schon mal zu solch einer Ersatzhandlung kommen. Ist das Aufreiten beim Menschen allerdings eine Dominanzgeste, sollte es auf keinen Fall geduldet werden, da der Hund den Menschen unbedingt als ranghöher ansehen muss. Das Verhalten sollte dann sofort unterbunden werden. In der Regel hilft dann auch das Ablenken mit einem Spielzeug oder eine kleine Übungseinheit in Sachen Erziehung.

Das Aufreiten unter gleichgeschlechtlichen Hunden ist ein Zeichen für Dominanz und sorgt dafür, die Rangordnung zu klären.

Imponieren und Drohen

Zum typischen Drohverhalten eines Hundes gehören zahlreiche unterschiedliche Ausdrucksformen, die vor allem die Mimik und die Körpersprache betreffen, wie sie schon vorher im Einzelnen beschrieben wurden.

- Das Aufstellen der Haare kann verschiedene Bedeutung habe, abhängig davon, in welchem Bereich die Rückenhaare aufgestellt werden. Eine „Bürste" nur im Schulterbereich zeugt von Selbstsicherheit, ein unsicherer Hund sträubt meistens die Haare über die gesamte Rückenlänge.
- Eine hoch aufgestellte Rute ist ein Zeichen für Dominanz oder Selbstsicherheit. Selbst wenn die Rute dabei langsam hin und her schwingt, kann es durchaus Bestandteil des Drohverhaltens sein.
- Der steifbeinige Gang ist ganz typisch vor allem für Rüden. Kommt ihm ein möglicher Rivale oder ein unbekannter Hund entgegen, versucht er dadurch, größer und imposanter zu erscheinen.
- Starrt ein Hund seinem Gegenüber direkt in die Augen, ist es klar ein Zeichen von Dominanz und Drohung. Schaut er zur Seite, will er eine Konfrontation vermeiden.
- Die Ohren werden beim Drohverhalten nur leicht nach hinten gezogen, aber nicht völlig angelegt wie bei einem absolut unterwürfigen oder ängstlichen Hund.
- Das Zähnezeigen, bei dem auch die gefährlichen Fangzähne entblößt sind und die Nase gekräuselt wird, meistens verbunden mit einem Knurren, ist eine offensive Drohung.

Bei diesen beiden Rüden erkennt man an Körperhaltung, Mimik und Aufstellen der Haare, dass sich keiner von beiden unterwerfen will.

T-Stellung

Die T-Stellung ist ein wichtiger Bestandteil des Imponierverhaltens. Hierbei versucht der imponierende Hund sich so vor den anderen zu stellen, dass er den Querbalken eines T bildet. So präsentiert er seinen Körper in einer Position (von der Seite), in der er am größten erscheint, um damit den Rivalen einzuschüchtern.

Dieses Verhalten ist häufig zu beobachten, wenn sich zwei Hunde begegnen, die sich nicht kennen, und einer versucht, sofort eine übergeordnete Position in der Rangordnung einzunehmen, ohne gleich einen Konflikt hervorzurufen. Daher kann man diese Verhaltensweise auch nicht als Drohung bezeichnen. Und in den meisten Fällen, wenn der andere Hund richtig darauf reagiert, kommt es auch zu keiner Auseinandersetzung.

Die T-Stellung ist zwar ein Imponierverhalten, aber keine Drohung.

Scharren

Das Scharren ist bei Hunden in ganz unterschiedlichen Zusammenhängen zu beobachten. In den Bereich des Imponiergehabes gehört das Scharren nach dem Absetzen von Kot oder Urin. Es ist bei Rüden wesentlich häufiger zu beobachten als bei Hündinnen.

Gleich vorweg gesagt: Dieses Scharren hat nichts damit zu tun, dass der Hund – wie bei Katzen üblich – versucht, seine Hinterlassenschaften zu verscharren. Denn die Scharrbewegung wird fast immer in einem gewissen Abstand und versetzt zu dem Kot oder Urin durchgeführt, sodass ein Zuscharren nur durch Zufall erfolgen kann. Auch die Theorie, die eigenen Duftmarken würden dadurch möglichst weit verteilt, trifft somit nicht zu.

Der eigentlich Grund dafür ist nämlich ein gewisses Zurschaustellen und Imponieren. Der entschlossene Gesichtsausdruck, den der Hund dabei zeigt, unterstützt diese Theorie:

Mit dem Absetzen von Duftmarken durch Kot und Urin markiert ein Hund sein Revier und/oder will den Artgenossen seine Anwesenheit anzeigen. Besonders, wenn der Hund den Duft eines Rivalen aufgenommen hat und dieselbe Stelle markiert, wird das Scharren heftig ausgeführt. Der Hund unterstreicht somit die geruchliche Markierung durch imponierendes Gehabe – denn es könnte ja sein, dass der Nebenbuhler einen zufällig aus der Ferne beobachtet. Außerdem dienen die zerscharrte Erde und die Kratzspuren als optische Marken für die Anwesenheit.

Hier wird durch das Scharren der Schlafplatz vorbereitet.

Eine ganz andere Art des Scharrens, die nichts mit Imponiergehabe zu tun hat, ist das Vorbereiten des Schlafplatzes, indem der Hund mit den Vorderfüßen im Körbchen, auf seiner Decke, im Stroh oder wo immer er sich auch hinlegen möchte, scharrt. Hat der Schlafplatz dann die gewünschte Form angenommen – für uns sieht das manchmal überhaupt nicht bequem aus –, führt der Hund einige Drehbewegungen aus, bis er sich schließlich in die richtige Schlafposition „geschraubt“ hat. Durch das Drehen schafft er es, Beine und Schwanz so dicht wie möglich an den Körper anzulegen, um die Oberfläche klein und dadurch den Wärmeverlust gering zu halten. Auch hierbei handelt es sich wieder um ein altes, vererbtes Instinktverhalten. Bei Wölfen dient es zum Vorbereiten einer Schlafmulde, indem Erde zur Seite geschafft oder Gras zu einem Polster niedergedrückt wird. Diese Bewegungen sind so instinktgesteuert, dass sie teilweise von manchen Hunden sogar auf einem blanken Fußboden ausgeführt werden.

Über-die-Schnauze-Beißen

Das Über-die-Schnauze-Beißen wird sowohl von Wölfen als auch von Hunden gezeigt, wenn sie ein rangniedrigeres – vor allem ist es dann ein jüngeres Rudelmitglied – in seine Schranken weisen wollen. Als ritualisiertes Verhalten kann man es auch beim Spiel zweier Hunde beobachten. Da dieses Verhalten unmissverständlich ist, kann es sich auch jeder Hundehalter in Form des Über-die-Schnauze-Greifens zunutze machen. Denn auch wir müssen manchmal unsere Vierbeiner – besonders, wenn sie sich noch im Flegelalter befinden – in ihre Schranken weisen. Da dieses Verhalten von uns natürlich ganz leicht zu imitieren ist, indem wir mit unserer Hand dieses Über-die-Schnauze-Beißen nachahmen, ist es eine ideale und artgerechte Maßnahme, die jeder gut sozialisierte Hund sofort versteht.

Auch wenn ein Hund etwas im Fang hat und es nicht abgeben will, kann man ihn durch diesen Griff, verbunden mit einem leichten Druck auf die Lefzen, dazu veranlassen, den Gegenstand abzugeben.

Das früher häufig noch empfohlene Schütteln am Nackenfell oder Ziehen am Ohr ist dagegen denkbar ungeeignet und absolut nicht mehr zeitgemäß und auch nicht artgerecht, was die Hundeerziehung angeht.

Das Über-die-Schnauze-Greifen wird von allen Hunden verstanden und ist daher gut bei der Erziehung einzusetzen.

Der gewisse Unterschied – geschlechtsspezifisch typische Verhaltensweisen

Bei vielen Hunderassen ist nicht immer auf den ersten Blick aufgrund des äußeren Erscheinungsbildes zu erkennen, ob es sich um einen Rüden oder eine Hündin handelt, vor allem, wenn es lang- oder zottelhaarige Hunde sind und deshalb die „feinen" Unterschiede nicht gleich zu entdecken sind.

Häufig sind Rüden zwar größer, kräftiger, muskulöser, wirken also insgesamt maskuliner, aber bei vielen Rassen sind diese Unterschiede so gering, dass sie nur bei direktem Vergleich beider Geschlechter zu erkennen sind.

Hier kann man auf beiden Bildern klar an Körpergröße und Kopfform den Unterschied zwischen Rüde (links) und Hündin (rechts) erkennen.

Allerdings geben die Art der Bewegung, die Mimik und bestimmte Verhaltensweisen darüber Auskunft, ob es sich um einen männlichen oder weiblichen Vierbeiner handelt. Wenn Sie also einen ihnen unbekannten Hund eine Zeit lang beobachten, zum Beispiel draußen beim Spaziergang oder bei der Begegnung mit Artgenossen, werden Sie schnell allein aufgrund der Art des Auftretens und des Verhaltens wissen, ob es sich um Rüde oder Hündin handelt.

!

Maskulin muss er sein

In letzter Zeit ist bei der Hundezucht in einigen Ländern, der Trend zu verzeichnen, dass bei vielen Rassen sehr maskulin wirkende Rüden auf Ausstellungen von den Richtern bevorzugt werden und bessere Bewertungen erhalten. Folglich kommen diese Hunde auch häufiger zur Zucht. Leider hat man dabei nicht berücksichtigt, dass dieses Aussehen vor allem von dem männlichen Sexualhormon Testosteron bestimmt wird. Und Rüden mit einem hohen Testosteronspiegel sehen nicht nur männlicher aus, sondern sind auch aggressiver gegenüber anderen Rüden, sind schwerer zu erziehen und haben einen unverhältnismäßig starken Sexualtrieb, der außerdem noch viel zu früh erwacht. Die Folge ist, dass immer mehr Besitzer mit ihren Rüden Probleme haben und ihnen dann sofort die Kastration empfohlen wird. Viele Hundetrainer und Therapeuten betrachten es heute als völlig normal und erwarten es fast von den Hundebesitzern, dass sie ihre Rüden kastrieren lassen. Das ist ein nach meinem Dafürhalten völlig falscher Ansatz. Viel eher sollte man bei der Zuchtauswahl auf ein gutes Wesen statt auf einen etwas muskulöseren Körper und kräftigen Schädel achten, um Hunde hervorzubringen, die angepasst an die heutige Zeit und die Lebensumstände die idealen Begleiter sind und möglichst wenig Probleme gegenüber anderen Hunden oder Menschen bereiten.

Typisch Rüde

Ein Verhaltensmerkmal, das natürlich jeder kennt, ist das Beinheben beim Urinieren bei jedem geschlechtsreifen Rüden. Wenn der Junghund die Pubertät durchlebt und langsam geschlechtsreif wird, beginnt er allmählich mit dem Beinheben, auch wenn er das am Anfang noch etwas üben muss, damit er nicht das Gleichgewicht verliert. Nach recht kurzer Zeit beherrscht es das aber sicher. Bis ins hohe Alter bleibt des Beinheben erhalten, solange es keine gesundheitlichen Probleme mit den Gelenken oder der Wirbelsäule gibt.

Ein Rüde setzt selten seinen Urin auf einmal völlig ab, höchstens abends, wenn er vor dem Schlafengehen noch mal kurz rausgelassen wird.

Ansonsten zieht es ein Rüde vor, das Pinkeln während eines Spaziergangs auf zahlreiche kleine Portionen zu verteilen, damit er überall an den wichtigen Stellen seine Markierung hinterlassen kann. Hierzu benötigt er in der Regel eine erhöhte Stelle wie einen Baum, einen Strauch, einen Zaun, einen Laternenpfahl oder zumindest ein Grasbüschel.

Rüden geben ihren Urin immer in kleinen Portionen ab, um möglichst viele Duftmarken setzen zu können.

Wer also mit einem Rüden Gassi geht, sollte immer etwas mehr Zeit und eine etwas größere Strecke einplanen als mit einer Hündin. Denn wenn ein Rüde seinen Harn nicht vollständig absetzt, kann es durchaus zu Harnweginfektionen kommen.

Die Art, wie der Rüde sein Bein hebt, hängt oft von der jeweiligen Situation und den Örtlichkeiten ab. Draußen ist es für den Rüden wichtig, möglichst viele der bereits vorhandenen Gerüche aufzunehmen. Erst dann entscheidet er sich, wohin er pinkelt. Dabei versucht er natürlich, den eigenen Duft über die Markierungen von Artgenossen zu setzen. Wurde die vorherige Duftmarke sehr hoch angesetzt, versucht der nächste Rüde sein Bein noch etwas höher zu halten, um für den nächsten, der diese Stelle erkundet, einen noch größeren Eindruck zu hinterlassen. Besonders bei kleineren Hunden kann man daher häufig beobachten, wie sie verzweifelt versuchen, so hoch wie möglich ihre Duftmarke zu hinterlassen. Dabei kommt es sogar vor, dass sie regelrecht eine Art Handstand machen.

Aber nicht nur am Beinheben, sondern auch an der Körpersprache bei der Begegnung eines Artgenossen kann man erkennen, ob es sich um Rüde oder Hündin handelt. Welpen und Junghunde sind immer sehr an anderen Hunden interessiert, die ihnen begegnen. Bei erwachsenen Hunden bleibt dieses Interesse in der Regel bei Rüden stärker ausgeprägt als bei Hündinnen, vermutlich, weil das Revierverhalten bei ihnen stärker ist. So werden sie schon von Weitem einen etwas steiferen Gang einnehmen, um so groß wie möglich zu wirken, während sie versuchen herauszubekommen, wer da auf sie zukommt. Ist der entgegenkommende Hund auch ein Rüde, bleibt meistens ein gewisses Imponiergehabe erhalten. Handelt es sich aber um eine Hündin, wird sofort auf ein äußerst charmantes Verhalten umgestellt, das sowohl Mimik, Körperhaltung und Art der Rutenbewegung betrifft.

Typisch Hündin

Für eine erwachsene Hündin außerhalb der Läufigkeit ist in der Regel die Begegnung mit Artgenossen nicht so bedeutend und sie vermeidet sogar oft den engeren Kontakt zu fremden Vierbeinern. Wird sie aber von einem Rüden, der ihren Geruch als äußerst attraktiv empfindet, bedrängt, beißt sie ihn schnell ab. Hierbei handelt es sich um eine Art Scheinangriff, wobei die Zähne kurz präsentiert werden und ein Biss in die Luft den aufdringlichen Rüden verscheuchen soll. Meistens wird diese Wirkung schnell erzielt. Auch junge Hunde, die noch aus Hundesicht erzogen werden müssen und sich irgendwelche Frechheiten erlauben, werden von einer Hündin weggebissen, wobei es auch wieder zu keinem ernsthaften oder verletzenden Biss kommt.

Die Art des Urinabsetzens ist bei einer Hündin sehr von ihrem Zyklus abhängig. Außerhalb der Läufigkeit wird der Urin oft auf einmal oder in wenigen Abschnitten abgesetzt. Direkt vor und während der Läufigkeit wird der Urin dagegen in vielen kleinen Portionen abgesetzt, damit möglichst viele Artgenossen über ihren Zykluszustand informiert werden.

Auch die Position der Rangordnung kann die Art des Urinabsetzens beeinflussen. Eine ranghohe oder dominante Hündin setzt bei einem Spaziergang wesentlich häufiger Urin ab als eine gegenüber Artgenossen eher untergeordnete Hündin. Ebenso kommt es bei vielen Hündinnen vor, dass sie versuchen, eines der Hinterbeine beim Urinieren ein wenig anzuheben, ähnlich wie ein Rüde. Auf diese Weise versuchen sie ebenso, einen strategisch wichtigen Bereich zu markieren, wobei sie auch durchaus die Duftmarke eines vor ihr markierenden Rüden übertünchen möchten.

Oft wird behauptet, Hündinnen seien ruhiger und anhänglicher als Rüden und würden sich auch besser erziehen lassen. Ist da was Wahres dran? Verallgemeinern kann man das auf keinen Fall, da es häufig von Rasse, Wesen und persönlicher Erfahrung des Hundes abhängt. Manchmal ist es sogar genau umgekehrt, da Rüden oft eine engere Bindung zu ihrem Menschen eingehen als Hündinnen. Allerdings stellen sie auch manchmal größeren Unfug an oder lassen sich weniger einschüchtern. Auf alle Fälle sollten Sie sich bei der Wahl Ihres zukünftigen Familienmitglieds nicht von diesen Vermutungen beeinflussen lassen.

Relativ dominante Hündinnen versuchen auch häufig beim Urinieren ein Bein etwas anzuheben, um ihre Duftmarke richtig zu positionieren.

Verhaltensunterschiede – mit und ohne Leine

Wie schon zuvor kurz erwähnt, ist das Verhalten an der Leine häufig ein Problem, mit dem sich viele Hundehalter auseinandersetzen müssen und in der Regel Einiges an Feingefühl und Konsequenz von ihnen erfordert – nämlich das Phänomen, dass sich viele Hunde an der Leine völlig anders verhalten, als wenn sie frei laufen dürfen.

Am bekanntesten ist das äußerst aggressiv wirkende Verhalten, das ein Hund zeigt, wenn er an der Leine geführt einem Artgenossen begegnet, wogegen er beim Freilauf in derselben Situation keinerlei Aggression zeigt, sondern sein arttypisches Verhaltensrepertoire umsetzen kann.

!

Achtung!
Es gibt aber auch einzelne Hunde, die sicherlich verhaltensauffällig sind, bei denen das Abnehmen der Leine nicht zu einem Umschalten führt, sondern die trotzdem unvermindert zum Angriff übergehen. Bevor man also zwei sich an der Leine aggressiv verhaltende Hunde ableint, sollte vorher geklärt sein, ob es sich um eine ausschließliche Leinenaggression handelt oder ob der Hund grundsätzlich mit Artgenossen nicht sozial umgeht. Jeder Tierarzt kann bestätigen, dass es immer wieder Beißvorfälle unter Hunden gibt, denn die Opfer landen regelmäßig auf seinem Tisch.

Ein Grund für dieses oft unverständlich wirkende Verhalten des ansonsten völlig gut sozialisierten Hundes ist der direkte Kontakt zu seinem Menschen über die Leine. Wird die Leine dann noch vom Menschen kürzer genommen und fest angezogen, da dieser vielleicht auch unsicher ist oder Angst hat, wirkt sich das natürlich negativ auf den Hund aus. Er fühlt sich dadurch in seinem dominanten oder sogar aggressiven Verhalten bestätigt, denn er hat sogar noch seinen Rudelführer als Chef direkt als Unterstützung hinter sich. Oder das hintere Ende der Leine macht solch einen unsicheren Eindruck auf den Hund, dass er die Initiative ergreift.

Hinzu kommt, dass man häufig automatisch selbst den entgegenkommenden Hund fixiert, was der eigene Vierbeiner sicherlich auch wahrnimmt. Vielleicht empfinden wir sogar Stress und geben dadurch winzige Mengen an Duftstoffen über die Haut ab, die der hervorragenden Hundenase natürlich nicht entgehen.

Kurzum: Da wir wissen, dass diese Situation zu Konflikten führen kann, reagieren wir selbst darauf und unterstützen dadurch unbewusst und unbeabsichtigt unseren Hund. Der Stress überträgt sich sozusagen von uns auf den Hund und bewirkt genau das Gegenteil von dem, was wir eigentlich möchten.

Eine Bestätigung, dass dieses so aggressiv wirkende Verhalten für den Hund kein ernsthaftes Problem darstellt und es für ihn eigentlich gar nicht so wichtig ist, beweist die Tatsache, dass er sofort wieder normales Verhalten zeigt, sobald man an dem anderen Hund vorbeigegangen ist.

Dieses Verhalten lässt sich nur abbauen, wenn die Situation regelmäßig geübt wird, wobei der Hund seine Aufmerksamkeit auf seinen Hundeführer lenken sollte und natürlich gelobt und bestätigt wird, wenn er brav an der Leine – anfangs motiviert durch ein Spielzeug oder Leckerli – an dem anderen vorbeigeht. Durch Strafe oder starkes Ziehen an der Leine lässt sich das Problem nicht lösen. Ebenso sollte man nicht immer versuchen, solchen Begegnungen auszuweichen, denn schon um die nächste Ecke könnte es ja wieder zu einer neuen Begegnung kommen.

Jeder Hund sollte lernen, sich auch an der Leine neutral und friedlich anderen Hunden gegenüber zu verhalten.

Typisches Angstverhalten

Ein typisches Erkennungsmerkmal bei Angst ist das Einknicken des Hundes in der Hinterhand und die tiefe bis eingeklemmte Rutenstellung. Der Rücken erscheint dadurch bei den meisten Hunden wie ein Bogen. Meist werden auch die Ohren zurückgelegt und der Kopf leicht oder auch stärker eingezogen.

Angst kann bei einem Hund zu unterschiedlichen Verhaltensweisen führen von Flucht bis zu Angriff. Sie werden im Folgenden kurz beschrieben.

Verharren aus Angst

Viele Hunde verharren oder frieren regelrecht ein, wenn sie Angstverhalten zeigen. Sie werden extrem passiv. Aus menschlicher Sicht könnte man es so deuten: „Ich bin gar nicht da." Dieses Verharren kann am Anfang einer Angstsituation gezeigt werden, tritt aber auch auf nach einer Verfolgung oder einem Angriff und ist sozusagen ein Zeichen für die totale Aufgabe. Dabei kann sich der Hund auch komplett abducken oder die Rückenlage einnehmen und so verharren.

Verharrt ein Hund vor Angst, möchte er sich eigentlich unsichtbar machen.

Herumkaspern als Auflöseversuch und Ablenkungsmanöver

Wenn Hunde in Situationen geraten, die Stress und Angst auslösen, kann man teilweise beobachten, dass sie scheinbar anfangen Spielverhalten zu zeigen, andererseits aber eindeutig weiterhin ängstlich und gestresst wirken. In dieser Situation versucht der Hund, eine angespannte Situation aufzulösen, indem er durch sein albernes Herumgehampel ein Ablenkungsmanöver startet. Hunde zeigen dies sowohl gegenüber anderen Hunden als auch gegenüber Menschen.

Gegenüber Menschen ist zum Beispiel eine typische Situation, dass der Hund zu einem Artgenossen hinläuft und nicht mehr zurückkommen möchte. Wird nun der Mensch ungeduldig, geht hinter dem Hund her und versucht ihn einzufangen, merkt der Hund die Anspannung und versucht, durch halbherzige Spielaufforderungen und kleine Sätze immer weg vom Menschen die Situation wieder zu entspannen und sich gleichzeitig zu entziehen.

Angstgesteuertes Fluchtverhalten

Hat ein Hund vor etwas (zum Beispiel einem anderen Hund oder einem Menschen) Angst beziehungsweise unterschreitet ein anderer Hund oder Mensch in dieser Situation seine Individualdistanz, so zeigt er Fluchtverhalten. Das kann von ein paar Sätzen bis zu einer kilometerlangen panischen Flucht reichen, abhängig von der Intensität des Auslösers und dem Naturell des Hundes.

Bei diesem Welpen ist das Fluchverhalten eindeutig angstgesteuert.

Angriff aus Angst

Wird ein Hund nach einer Flucht und dem Versuch, sich der Gefahr zu entziehen, in die Enge getrieben, kann es sein, dass das Fluchtverhalten in Angstaggression umschlägt und der Hund zum Angriff übergeht.

Kommunikationsprobleme durch mehrere Personen und/oder Hunde

Zum Schluss sei noch auf ein häufiges Problem eingegangen, dass auftritt, wenn mehrere Personen und/oder mehrere Hunde miteinander kommunizieren. Ursache für ein Kommunikationsproblem kann dann sein: Ich fühl mich immer angesprochen – oder ich fühl mich nie angesprochen.

Und so kann das Ganze ablaufen: Eine anwesende Person, die aus der eigenen Familie oder auch fremd sein kann, redet laut mit Ihnen und Ihr Hund fühlt sich angesprochen und zeigt sich dadurch gestresst und gehemmt. Oft tritt das auch auf, wenn andere Personen im Umfeld mit ihren Hunden reden oder Kommandos geben. Der Hund ist verunsichert und weiß nicht, ob und wie er darauf reagieren soll oder nicht.

Nun wäre es falsch, den Hund solchen Situationen zu entziehen, sondern im Gegenteil, setzen Sie den Hund gezielt und kontrolliert solchen Situationen aus und loben Sie ihn und beschäftigen sich mit ihm (durch Spielen oder auch kleinere spielerische Übungen), wenn er sich neutral zeigt. Wenn er unsicher wird, versuchen Sie den Druck durch die andere Person etwas abzumildern, bis der Hund wieder in einen Wohlfühlbereich kommt. Der Hund soll lernen, andere Menschen, die laut artikulieren und gestikulieren, auszublenden. Er soll lernen, dass nur der Mensch maßgeblich ist, der in diesem Moment seine Bezugsperson ist.

Ähnliche Probleme können auftreten, wenn eine Person mehrere Hunde in ihrer Obhut hat. Besonders schwierig wird es, wenn die Hunde sehr unterschiedliche Charaktere haben, also eher dickfellige und auch supersensible Exemplare darunter sind. Was für den einen Hund eine leichte Ermahnung ist, kann beim sensiblen Vierbeiner zu einem deutlichen Einbruch im Selbstvertrauen und zu Angst- und Stresszuständen führen. Das ist oft besonders fatal, da der Hund in der Regel gar nicht zuordnen kann, warum er ermahnt wird. Dadurch wird er noch unsicherer.

Wenn man mehrere Hunde betreut, sollte man verschiedene Signale und auch gut unterscheidbare Namen verwenden, damit jeder Hund immer weiß, wann er gemeint ist.

Daher finde ich es besonders wichtig, dass man bei verschiedenen Hunden, die man zusammen betreut, unterschiedliche Signalworte verwendet und vor allem auch darauf achtet, dass die Namen der Hunde möglichst unterschiedlich klingen. Also Mandy und Sandy wäre zum Beispiel eine eher unglückliche Wahl.

Besonders wichtig ist die Unterscheidung von negativ belegten Worten wie zum Beispiel Abbruchsignalen. Aber auch die anderen Begriffe wie das Wort fürs Hinlegen machen Sinn, wenn sie unterschiedlich gewählt werden, denn man will ja oft nicht, dass sich alle Hunde in demselben Moment hinlegen sollen. Zusätzlich kann man auch noch einige Signale einführen, die dann für alle Hunde gleichzeitig gelten, wie zum Beispiel dass alle Hunde herkommen oder anhalten sollen.

Lassen Sie ruhig den anderen Hund zuschauen, während Sie mit einem Hund arbeiten. Er soll merken, dass er nicht immer angesprochen ist. Arbeiten und trainieren Sie auch ab und zu mit mehreren Hunden gleichzeitig, so lernen sie leichter zu unterscheiden, wer gerade gemeint ist.

Ein anderes Problem, das auftreten kann, wenn man mehrere Hunde hat, ist, dass im Vergleich zum sensibleren Hund, der sich eher zu oft angesprochen fühlt, der robuste Typ versucht, alle Versuche der Kontaktaufnahme durch Sie zu ignorieren. Anweisungen und Signale werden ebenfalls ignoriert oder erst nach mehreren Anläufen beachtet. Versuchen Sie nun nicht, mit diesem Hund immer lauter zu werden, aber bestehen Sie trotzdem konsequent auf die Ausführung von einmal gegebenen Anweisungen. Sichern Sie den Hund eventuell durch eine Schleppleine ab, damit Sie sich bei Bedarf bemerkbar machen können und sich der Hund nicht aus ihrem Einflussbereich entziehen kann. Beschäftigen Sie den Hund mit vielen kleinen Übungen, mit denen Sie seine Aufmerksamkeit fördern.

Persönliche Gedanken zum Schluss

**In Erinnerung an May,
stellvertretend für die vielen anderen Hunde,
die durch Gift aus Menschenhand sterben mussten.**

May

Meine Arbeit an diesem Buch wurde vom Vergiftungstod eines Hundes überschattet. Nach weiterer Recherche auf diesem Gebiet musste ich feststellen, dass in meinem unmittelbaren Umfeld immer wieder Hunde durch Vergiftungen sterben. Es ist sicherlich nicht immer gewollt, dass Hunde Gift aufnehmen, welches eigentlich Schnecken oder Ratten töten soll. Teilweise kann aber durchaus vermutet werden, dass ausgelegte, vergiftete Wurststücke oder Ähnliches an stark frequentierten „Hundelaufstrecken“ zum Zweck der Abschreckung von Hundehaltern oder sogar der Dezimierung der Hundepopulation in diesem Gebiet dienen sollen.

Solche Aktionen sind schrecklich und keinesfalls zu akzeptieren. Aber trotzdem frage ich mich, wie sich ein Mensch zu einem sogenannten Hundehasser entwickeln kann. Was treibt jemanden zu solchen Aktionen, bei denen er in Kauf nimmt, zum Beispiel auch Kinder oder andere Tiere zu gefährden? Inwieweit geben wir Hundehalter Anlass dazu, dass sich Mitmenschen so extrem belästigt fühlen? Müssen wir die Verschmutzung durch Hundekot und den Unmut von Menschen darüber als Triebfeder für Vergeltungsaktionen gegen Hunde sehen? Können wir solche Prozesse beeinflussen, indem wir uns noch mehr dafür sensibilisieren, was unsere Mitmenschen, die kein Faible für Hunde haben, belästigen könnte?

Daher finde ich es umso wichtiger, dass die Kommunikation nicht nur zwischen Hunden oder zwischen Hunden und Hundehaltern, sondern auch zwischen Hundefreunden und Nicht-Hundefreunden funktioniert.

Vor allem zum Wohle unserer Vierbeiner!

OP 4

Literatur

Bauer, Angeline und Prümmel, Renè: **Der gesunde Hund.** Oertel+Spörer, 2008.

Geng, Ulrike: **Hundeerziehung im Alltag.** Oertel+Spörer, 2008.

Hartmann, Michael: **Patient Hund. Krankheiten erkennen, vorbeugen, behandeln.** Oertel+Spörer, 2010.

Lehari, Gabriele: **400 Hunderassen von A-Z.** Ulmer, 2009.

Lehari, Gabriele: **Hundeverhalten – wie Hunde wirklich sind.** Cadmos, 2007.

Rauth-Widmann, Brigitte: **Welpen – Mit dem Hund durchs erste Jahr.** Oertel+Spörer, 2010.

Reichenbach, Uta und Lehari, Gabriele: **Die Hundeschule – Hunde sinnvoll beschäftigen.** Müller-Rüschlikon, 2008.

Reichenbach, Uta und Lehari, Gabriele: **Der zuverlässige Begleithund. Von der Welpenerziehung bis zur Begleithundprüfung.** Oertel+Spörer, 2009.

Reisert, Christiane: **Wo drückt die Pfote? Wenn Hunde krank sind.** Oertel+Spörer, 2011.

Schuhmeir, Wieland: **Problem Hund? Verhaltensprobleme erkennen – lösen – vorbeugen.** Oertel+Spörer, 2011.

Sinner, Tanja und Lehari, Gabriele: **Obedience. Gehorsam in Perfektion.** Oertel+Spörer, 2010.

Tschischke, Cornelia: **Homöopathie für eine gesunde Hundeseele.** Oertel-Spörer, 2011.

Werner, Tina: **Wellness für Hunde. Massage und Physiotherapie für jeden Tag.** Oertel+Spörer, 2010.